シンプルだから開発成果が出せる

実践 QFDの進め方

福原 證 
Fukuhara Akashi

Fukuhara Method

日刊工業新聞社

まえがき

品質機能展開（以下、QFD）は1987年に「良い品を効率的に開発する手法」として日本で発表されました。Japan as No.1 と謳われていた頃のことです。新製品開発に有効な手段として国内のみならず、日本のTQMを学んでいた米国も含めて広く活用されるようになりました。

ところが、顧客要求の内容が「顧客満足」から「顧客感動」に進化した頃から、日本製造業は競争力を失い、マスコミなどで失われた30年と言われています。筆者は、QFD展開の質が時代の要求に追随していないのでないかと懸念しています。最近のQFDのシンポジウムでは、国内の企業事例がほとんど見られなくなっています。その要因として以下の点が考えられます。

①プロセスよりも結果を重視するマネジメントを導入する企業が増えており、技術開発でも挑戦的なテーマよりも結果が見えているようなテーマを取り上げるケースが目立っています。これでは、魅力製品を生む期待はできません。

②在宅勤務が増えてきた結果、全員参加や部門間連携などQFDの出来栄えを決める要素の質が低下しています。

③QFDを手法で取り組むと、処理の複雑さや難解な部分があるため処理に多大な時間を要したり、アウトプットに違和感を覚えることで展開を諦めるケースも多く見受けられます。

米国では産学共同で日本のやり方を学び、それを国民性に合うような仕組みとして整備を進めてきました。代表例が、新製品開発の仕組みであるDFSS（Design for Six Sigma）の展開の中に、QFDが主要な手続きとして組み込まれています。DFSSは世界規模で適用が広がっています。

筆者は長年QFD展開の簡略化を検討し、お付き合いする企業に提案をしてきました。簡略化の着眼点は、QFDを手法ではなく新製品開発の「仕組み」としてとらえて、以下の見直しをしています。

①企画目標設定のプロセスを簡略化し、取り組みやすくした。

②企画目標を満足するための技術開発テーマ設定の仕組みを提案した。

③効率的な開発を進めるために重点指向を徹底し、部門間連携の必要な点を明確にすることで活動の質を高めた。

米国ではFukuhara Methodと呼ばれ、軍需産業および自動車関連、日用雑貨品などの企業で成果を上げました。また、MITではテキストとして採用されています。先述したDFSSのQFDでもFukuhara Methodが採用され、取り組みやすさを配慮しています。しかし日本では、筆者たちがお付き合いする企業に限定した適用になってしまっています。

最近、日本の製造企業が復活し競争力を高めるために、日本品質管理学会と日本品質工学会の共同研究会“新商品開発プロセス研究会”が開催されるなど、新製品開発活動の見直し機運が高まりつつあります。QFDの展開は必須です。展開しやすいQFDの進め方を提供し、効果を引き出していただきたいとの思いから本書の出版を決意しました。

勉強させていただいた多くの企業に御礼を申し上げます。特に米国で激論を交わし、積極的に実例展開をしてくれたITTのJ.K.Pratt、M.Hasan氏は、進め方の問題点をたくさん見つけてくれました。また、新規製品への展開では実務者の意見をたくさんいただきました。特に笠井肇（日立製作所、アイデア）、武重伸秀（マツダ）、永瀬徳美（ソニー）、細川哲夫（リコー）、長田恭直（セイコーエプソン）、池田光司（アイテムツーワン）の各氏にはお世話になりました。

出版に当たっては、㈱アイデアの前古護社長に多大の協力をいただきました。また、日刊工業新聞社出版局の矢島俊克氏には多大なお手数をおかけしました。「今さらQFDの書籍など…」と言われそうな中で出版の意義を認めていただきました。これらの方々のご協力なくして、今回の出版はあり得ません。深く感謝申し上げます。

2024年12月

福原　證

本書の読み方・使い方

本書は、効率的なQFD展開の実践手引書として記述しました。学術的なQFDについては、すでに刊行されている書物で学んでください。したがって本書は、特に「良い開発活動」を展開するためにQFDを実践した方で、

○実際に取り組んでみたが、煩雑で手間がかかり過ぎるので諦めた

○難しい手法で、かつアウトプットに違和感があって諦めた

など、やってみてもあまり効果が期待できないと感じている方々に、ぜひとも読んでいただきたいと思います。もちろん、関心はあるけれどもまだ実践したことがない、という方にも配慮してあります。

実際に企業で体験された内容や筆者が経験したエピソードなどを、本文中の随所にコラムとして挿入しました。実践での参考にされたり、ちょっとした息抜きにしてください。

筆者は、QFDは手法ではなく、感動製品を企画する（品質の展開）ことと効率的に実現するための仕事の進め方（品質機能の展開）を、仕組みとして整理されたものと考えています。関係者が課題・問題を共有して知恵を出し合うことによって効率性が担保されます。関係者が力を合わせるためのマネジメントが必須なのです。また、QFDでは情報伝達のための道具として、品質表が提案されています。実務担当者には品質表の意義を理解し、運用の仕方を身につけていただくことが求められます。本書は、双方について具体的な進め方を示しています。

[本書の対象者]

本書は基本的には、開発の第一線で活動されている方々を対象としていますが、管理者の方々にもぜひ身につけていただきたい内容を記載しています。部門で言うと、営業企画、技術開発、製品企画、製品設計、試験評価、生産技術、調達、製造準備、製造、検査、サービス、品質保証など開発に関わる幅広い部門が対象となります。

[本書の構成]

第1章は、QFDの意義と考え方を説明しています。QFDでは何をするのかを知りたい方を対象としています。特に管理者の方には読んでいただきたい章となっています。

第2章と第3章は、すでに自社が参入している市場に向けて競走力の高い新製品開発のための手続きを説明しています。第2章では顧客の感動を確保する製品企画の手順（品質表の作成手順)、第3章では効率的な開発を目指す中でやり直しを防ぐための活動に絞っての着眼点を説明しています。実務者に必須の内容です。

これらの章では難解で処理が複雑な展開を、改めて簡便に展開できる方法を提案しています（米国でFukuhara Methodと呼ばれた内容です)。

第4章には、品質とコストを両立させる考え方を説明しました。技術開発・製品企画部門には特に留意していただきたい内容になっています。

第5章では、新規市場開拓に対するQFDの応用を説明しました。従来のQFDでは対応できなかった分野に対して、QFDのうまみを活用しようとしたものです。

最近は多くの企業で、新規分野への挑戦が増えています。成功確率の高い開発を実現させるために、自社の得意技術を生かした対象市場を選定し商品を企画する手続きを示しました。特に技術開発・営業企画・製品企画関係者に知っていただきたい内容です。

[読み方]

第1章から順に読んでいけるようになっていますが、すでにある程度QFDを知っている方は第2章、第3章の実務を熟読されることが有効です。

特にぜひとも読んでいただきたい章を選ぶとすれば以下の各章が有効です。

管理者：第1章、第4章、第5章
営業企画：第2章、第5章
製品企画：第2章、第3章、第4章、第5章
技術開発：第2章、第5章
その他の開発部門：第2章、第3章、第4章

[使い方]

なお、本書は以下のような使い方ができます。

①新製品管理の手引書

②品質企画の実務テキスト

③新製品開発管理の参考書

本書の内容でセミナーを実施した例（公開・社内講習）は以下の通りです。

コース	時　間	第1章	第2章	演習	第3章	第4章	第5章
管理者	3時間	○	○		○	○	
実務　Ⅰ	6時間	○	○	○	○		
Ⅱ	12時間	○	○	○	○	○	○
新規市場	6時間	○	○				○

管理者コースは考え方・実施事項の概略を説明

実務コースは考え方・実施事項の具体的な内容を説明

演習は要求品質の創作と要求品質表の作成を体験

また、本書の内容を実務で展開する実地指導を受けることもできます。本書で提唱するQFDは仕組み論ですから、理解しただけではなく実務で展開することが大切です。

過去に実施した企業の例は以下の通りです。いずれも月に1回程度の研修会で進行します。

①QFDを体験学習したいケース（開発関係者全体研修）

本書の第2章（品質の展開）品質表の作成・読み方を自社製品で実施する

第3章（品質機能の展開）やり直し防止の進め方を演習する

②実テーマをQFD展開（実行テーマに関係する関係者の研修））

実テーマを開発日程に合わせて第2章、第3章を実施内容とやり方を体得しながら進める

③開発ステップごとの留意事項と進め方（開発関係者全体研修）

技術開発、品質表、製品設計、生産準備、工程管理準備、コスト展開などを月1回（各3時間）の講義（第2章、第3章、第4章：具体例を含めて説明）

④新規市場開拓のQFD実践演習（営業企画、技術開発、製品企画関係者）
第5章の進め方と具体的テーマで実践（5～6カ月で新規商品企画案作成を支援）

扱う製品の特長や企業文化の関係で、本書の通りに進めようとしても壁に当たることは十分に予想されます。実地指導では、これらの課題を乗り越える進め方を受講生と講師でともに考えることができるので、理解と納得感が得られるメリットが考えられます。

シンプルだから開発成果が出せる

実践QFDの進め方

目　　次

第3章　活動をスマートにする（品質機能の展開）

第1章

なぜQFDなのか

品質機能展開（QFD）は、「顧客が感動する製品を、効率的に実現する」ための具体的な手法として、1978年に水野滋、赤尾洋二博士によって発表されました。その後、新製品開発の有効手段として、日本はもちろんのこと。米欧でも多くの企業で採用されています。

誕生以降の歴史的な背景をたどってみると、QFDの狙いとすることが明確になります。

QFDを手法ではなく、新製品開発を進めるための仕組みであるととらえると、狙いはいつのときも不変であることがわかります。仕組みを運用するために、道具として要求品質展開表（品質表）が提案されている以外は、特別なことは何もありません。

ところが、日本では感動品質の創出を追究するための開発マネジメントの変革が遅れてしまっており、競争力を失っている企業が少なくないのも現実です。QFDの着実な展開が改めて重要性を増しています。

本章では、「①市場要求の変遷、②新製品開発活動の課題」について歴史的な背景を知ることで、なぜQFDが新製品開発に必須な活動なのかを明確にし、昨今の開発活動の課題認識から「QFDの必要性」について考えます。

1.1 良い品質が企業を支える

良い品質の製品を提供し続けることが企業発展のカギであることは言うまでもありません。

【利益＝売上－原価】

以上の式から、お客様が買ってくださる製品を安くつくることが永続的に利益を生むことは明白です。

お客様が買ってくださる製品とはどんな製品でしょうか。かつてバブル景気の頃は、目先を変える商品がヒットしたこともありました。自動車業界でもレトロカーが注目された例がありました。しかし、これらは希少価値や物珍しさを狙ったもので、永続的に売れる商品とは言い切れません。現在では、目先を変えるような製品ではなく、真にお客様が満足してくださる製品が求められています。

お客様満足（Customer Satisfaction：CS）という言葉がいろいろ議論された時期がありました（ISO9000シリーズ初期の頃）が、その中で最も簡潔に定義された内容を紹介しますと、以下の通りとなります。

$$\frac{\text{品質・納期・サービス}}{\text{顧客の負担コスト}} \Rightarrow \text{MAX}$$

となります。つまり、品質が良くて、欲しいときに手に入り（納期がしっかりしている）、サービスが良い（使いたいときにいつでも使えることが保証されている）製品を安く入手できたら、お客様の満足度は上がるわけです。本式の分母は顧客の負担コストですが、この中にはイニシャルとランニングのトータルコストが含まれています。ランニングコストは品質要素の中に含まれる（壊れない、燃費が良い、修理がしやすいなど）ので、注目すべきはイニシャルコスト部分（買値）となります。

売値は提供者側で決めますが、これが安いかどうかは顧客が判断します。顧客が納得する価格で提供して利益を上げるためには、つくる側の原価力が必要なのです。開発・生産の中でムダなコストをかけている余裕はありません。良い品質の製品を安くタイミング良く市場に提供することが、永続的に企業を支える最高の手段であることが確認いただけたと思います。

ところで、良い品質とは品質のことでしょうか。以下にいくつかの視点で良い品質を考えてみます。

1.1.1　良い品質の定義拡大の経緯

日本の市場を眺めてみると、良い品質の定義が大きく変化（拡大）してきています。

(a) 1965年頃まで《当たり外れがない》

「安かろう悪かろう」と揶揄された日本製品が先人の努力の結果、世界で注目されるまでに品質レベルが向上しました。電気製品やカメラ・時計など精密製品で、世界の人々が日本製を欲しいと言ってくれるほどになりました。この頃は、「当たり外れがない」ことが. 良い品質の内容でした。つまり、出来栄えが良い、言い換えると、バラツキがないことを指していました。「品質は工程（当時は生産工程）でつくり込め」の掛け声の下、製造品質の向上に必死の努力が払われました。管理図の活用などに加えてQCサークル活動、創意工夫提案制度など日本独自の仕組みが工夫されて、生産現場の実力が飛躍的に伸びた時期でした。

(b) 1965年～《やつれがこない》

当たり外れの品質が向上した次に市場が求めたのが、「やつれ品質」、つまり、長く使っていても性能が落ちず故障もしないことでした。日本にリコール制度が発足したのが1968年のことです。新品は言うまでもなく、長く使用した製品であっても安全に関わるトラブルは許されません。

もう一つ特記すべきことは、宇宙産業の発展でした。アポロ11号が月の石を持ち帰ったのが1969年のことでした。品質管理では3現主義を謳っていますが、誰一人行ったことがない宇宙空間に3現主義は通用しないことがあります。イチかバチかで飛ばしたのではなく、試験衛星などで収集したデータをもとに状況を予測して成功を収めました。

こうしたことが産学の技術者に刺激を与え、信頼性工学を学ぶ人が増えてきました。学んだ成果を自社の製品に適用した結果、製品がどんどん丈夫になってきたのです。表題に「丈夫」ではなく「やつれ」と表示したのは、「使っていても状態が変化しない」ことを意味しています。競合との競走が一層激しくなりました。顧客にとって、こうした競走（競争ではない）はありがたいことです。つまり、つくる側が市場に対して「やつれ」の重要性をPRしてきたと言えましょう。日本企業の頑張りが米国で Japan as No.1とまで呼ばれたのはこの頃でした。

やつれ品質の確保は、製造部門のみでは限度があります。構造をどうするか、材料をどうするかといった検討が必要となります。これらは開発の段階で決定する必要があります。良い品質づくりの中心が設計・生産技術に移行し、高度成長の波に同期して開発段階の重要性が認識された時期と言えましょう。

(c) 1975年以降《魅力的》

1973年に第1次オイルショックが世界を騒がせ、その影響を受けていろいろな変化が起こりました。その中で、市場に関係する部分のいくつかを眺めてみましょう。

国内市場では、お客様のものの選び方に変化が生じてきたと言われています。元来、日本のお客様は「ほかの人と同じものを持ちたい」が購入動機になっていたと言われています。ところが、オイルショック以降では、お客様に「自分の好みに合ったものを選ぶ」という変化が目立ってきたのです。今では当たり前のことですが、当時はかなり大きな変化であったと言えましょう。

使ってから感じるよりも購入前に感じる要素が多くなる（見た目に良い、フィーリングが良い、使い勝手が良い、付加機能が豊富など）ので、お客様の好みに合った製品を提供しようとすればそれだけの品揃えが要求されます。生産現場も、大量生産型から多品種中小量生産型に変えることが必要となります。専用設備よりも汎用設備が重視されるようになったのがこの時期でした(Flexible Manufacturing Systemの注目など)。

多くの企業で「グローバル」という言葉が使われだしたのも、この時期の特筆すべき出来事と言えましょう。オイルショックの影響もあって国内市場に閉塞感が漂ったことが影響したのでしょうか、国内にとどまらず世界市場を目指す企業が増加しました。「良い品は世界を駆ける標準語」とばかりにメイド・イン・ジャパンが世界に挑戦したのです。出来栄えの品質ならば世界共通なのです（良いものは良い）が、使い勝手については千差万別です。

Column

■　ワンボックスカーを海外輸出しました。自家用車にも商用車にも使える、とても便利な車として好評を博しました。ところが、使い勝手でいくつかの苦情が寄せられました。欧州では、NVH（Noise、Vibration、Harshness）に関しての苦情です。普段は高級乗用車に乗っている客がセカンドカーとして買った例が多く、アウトバーンを高速で走るとベンツやBMWに比べて「うるさい、振動が大きい、耳障りだ」と言ってきました。高級乗用車と同レベルとはいかなくても、気にならないレベルにしないと欧州市場での先行きはありません。ところが、同じモデルがアフリカの奥地へ行くと、乗合いバスとして使われています。未舗装の山道を満員状態で、しかも買い物した荷物を屋根の上に積んで走ります。彼らにはNVHは大きな関心事ではなく、ひたすら丈夫であることを期待します。ルーフサイドの強度を上げてほしいとの要望が来て驚きました。

さらにリーマンショック（2008年）以降の市場では、顧客満足（Customer Satisfaction）から顧客感動（Customer Delight：CD）へと顧客の要求が進化しています。製品単体のメリットよりも周辺も含めた生活空間の豊かさを求める、つまり、モノからコトへの期待が主流になってきているのです。

使われ方によって要求することはいろいろで、すべてを満足させる製品をつくろうとすれば、かなり高価なものとなって顧客は手を出しません。したがって、とても「良い品は世界を駆ける標準語」とはいきません。対応するには、仕様を増やすことが求められます。ますます多品種混合生産をこなさなければならず、生産工程にも新たな課題が発生します。

いずれにしても、これらはほとんどが企画段階で決められることです。さらに、良い企画をするための技術開発がより重視されています。

以上でおわかりの通り、現在では良い品質づくりは企画、設計、生産準備、生産などすべての部門が参加しなければ達成できません。まさに、全社一丸が求められるのです。

顧客の立場で言えば、これらを満足するものを適正な価格で入手できたらありがたいことなので、著者はコストも品質の一部として定義しています。

(d) 納得できるコスト（値段）《安価ではなく割安感》

お客様はいつのときでも「安い」と言いますが、この安いは「割安」なのです。同じ目的で使う商品でも、高級品と一般大衆品が同価格であることを期待しているのではありません。同程度ランクと思われる商品では安い方がいいと感じられるのです。もしも同程度と思った商品の中に、ひときわ魅力を感じる要素が含まれている商品が発売されると、多少値段は高くてもこれくらいだったら許せると感じられるのです。

かつて東海地区で販売されていたソースが、「値段は高いが、いい味です」とコマーシャルして大ヒットしました。P＆Gが「ウイスパー」や「パンパース」（QFDを展開しました）の発売に当たり、競合よりも高い価格を設定しました。双方とも品質レベルの良さから「これだったらこの値段は納得できる」と顧客が認めたことで大ヒットした商品です。

振り返ってみると、(a)、(b)の品質は自社内で判定が可能です。つまり、競合する製品と比較して優位に立っていたら、当社の製品は世界一ということになります。ところが、(c)、(d)の品質はお客様が判定します。社内で「当社の製品の方がセンスはいいね」と評価しても、顧客がそう思わなかったら意味がありません。まさに、「お客様は神様ではなくて王様」なのです。神様だったら良いものは画一的に決まるかもしれませんが、王様にはさまざまなタイプがあるので、「俺はこれが好きだ」と個性的に選びます。王様の好みを充たしても、多くの人の共感を得る保証はありません。良い品が画一的に決まるものではないのです。

良い品質づくりには、「お客様はどんなことを期待されているか」「製品はどうあるべきか」「どのようにつくるといいか」「どんなサービス体制が必要か」など、全社一丸となった仕組みが必要です。

「品質機能展開」という言葉が登場したのが1978年です。つまり、(c)の品質が重要視されるようになった時代とほぼ同じ時期です。マーケット・イン、つまり「顧客に歓迎される製品を効率的につくり上げる」考え方はTQMの思想そのものですが、(a)、(b)を重視していた頃は、本音のところでは「対競合優位」が重視されていたきらいがあります。顧客要求の多様化に対して本当のマーケット・インが必須（競争相手に勝つ“競争”ではなくて各社がベストを尽くした結果、どちらが速く顧客というゴールテープを切ったかを競う“競走”）であることから、「品質機能展開」は真の仕組みを提供されたものと言えましょう。

1.1.2　良い品質を別の角度から眺める

⑴ 顧客の感動を呼び起こす（顧客満足の仕組み）

図1.1に「顧客満足の仕組み」を示しました。

一般消費財で考えてみましょう。例えば、お客様が家庭用の電化製品を購入されるシーンを想定してみてください。お客様の期待に対して、「①当該製品が期待以上に良い、②期待にほどほど、③期待外れだ」の3パターンが存在します。

①の場合、お客様は「あれが欲しい」と指定買いします。満足すれば使い続けられるでしょうし、次の買い替えもその銘柄を選択されるでしょう。一般家庭用の電気製品のような場合は、知人にも紹介してくださる（顧客がセールスマンの役を果たしてくれる）かもしれません。結果としては、売上が安定的に向上することでしょう。

②の場合は、特に不満はない製品として長年使い慣れた銘柄を選ばれることが多いのですが、もしも競合が①を発表した場合、お客様は競合品に関心を示してしまいます。義理と人情に縛られたお客様（親戚にその会社の社員がいるなど）は仕方なく買ってくださるでしょうが、昔のようにその会社のファンというような客は期待できません。一般客は簡単に浮気をしてしまいます。つまり、②の製品は「良い製品」ではなくて、「悪くはない製品」でしかないのです。

③の場合は、多くの説明は必要ないでしょう。アフターサービスで必死に取り繕っても早晩、悲劇的な結果を覚悟しなければなりません。かつて不良を出したときに対応が良い、誠意があると評価されてファンになったという美談もあったのですが、仏の顔も三度まで、不良を繰り返していては将来はありません。

とかく製品を「良し悪し」でとらえがちですが、「①良い製品、②悪くない製品、③悪い製品」の3つに分類してとらえる必要があることに気づいたことでしょう。そして私たちは、「①良い製品」に挑戦し続けなければなりません。量産段階では設定した規格への適合・不適合（つまり合格・不合格）での活動が限度ですので、このことは開発段階からの対応でしかできません。

①と②では具体的に何が異なるのでしょうか。ロマンチックな表現をしますと、①は「ひと味違う」製品です。②は不具合もないし特に不満もない製品で

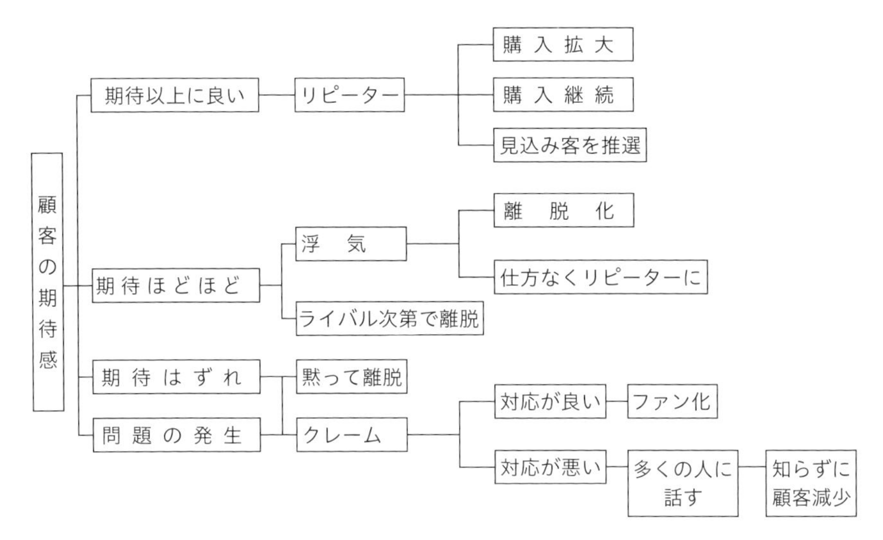

図1.1　顧客満足の仕組み

出典：品質管理学会誌「品質」から転載

すが、①はお客様が積極的に「あれが欲しい」と思ってくださる内容を備えています。一般的にはこれを「魅力性」と言います。ダントツに性能が良いなどは代表例ですが、昨今の商品では性能などで競合と大きく差があるケースは、それほど多くはありません。お客様が顕在的に気がついている要求項目で差があれば、その時点で敗戦となってしまいます。むしろ、お客様自身が気づいていなかった内容を目の当たりにして感動する要素、つまり「ひと味違う（潜在要求）」を備えていることが求められています。

次に、潜在要求をもう少し考えてみることにします。

⑵ KANOモデルで考える

狩野紀明氏（東京理科大学）が提唱された「顧客満足度に影響を与える製品やサービスの品質要素を分類し、それぞれの特徴を記述したモデル」は世界的にKANOモデルとして注目されています。商品が備えている物理的な充足度合いと、顧客の満足感との関係を2元で表示されています。**図1.2**に概要を示します。

①当たり前品質：充足度が不十分だと不満を感じられる、充足されているのが当たり前（満足がプラスにはならない）の品質要素。安全事項や基本機能

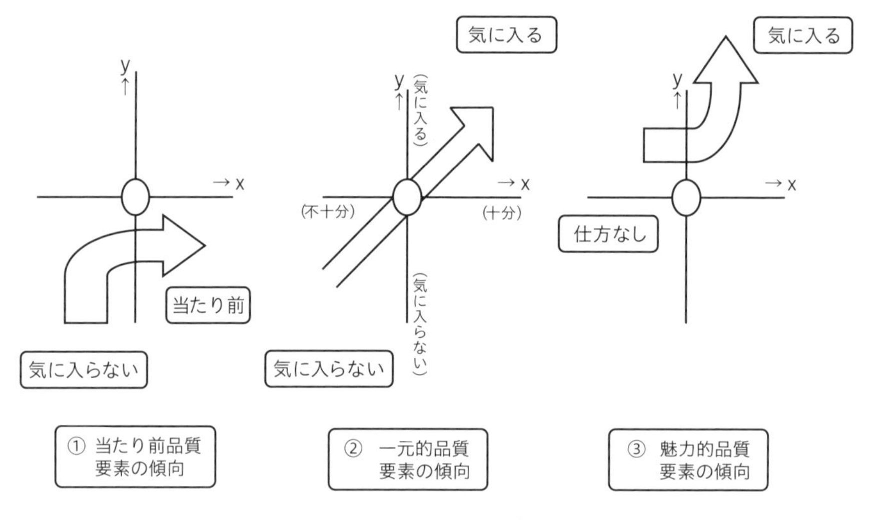

図1.2　KANOモデル
(無関心品質・逆品質は省略)

(エンジンがかかるやライトが点くなど)、出来栄え不良などです。

②一元的品質：充足が不十分だと不満を感じ、充足されていると満足を感じる品質要素。性能などがこれに該当します（燃費が良い、加速性能が良いなど)。

③魅力品質：充足度が不十分でも仕方がない（不満足にはならない）が、充足されていれば感動する品質要素。付加機能・多用途に対応できるなどです。

KANOモデルで考えてみると、顧客の期待以上の満足とは、一元的品質(②）がダントツに高いか、魅力品質（③）が込められていることになります。これらは顕在した瞬間に図1.2の原点が移動してしまい、いわゆる二番煎じでは魅力品質も当たり前品質になってしまいます。社会環境は時間とともに絶えず変化しているので、まさに品質はタイムファンクションなのです。

つまり、期待以上の品質とは一元的品質、魅力品質で顧客の期待を超えることなのです。

一元的品質は競合との比較で判定できる面が多いのですが、魅力品質は競合との比較で論ずることはできません。対象とする顧客に対して、新たな感動を提供する何かを企画の段階で自ら創作することが必要なのです。

例えば、あなたが新しいテレビの開発担当だったとします。営業部門から、

「セカンドテレビでヒット作を開発してほしい」との要望が来ました。どんなテレビを開発したらよいかを考える場合には、セカンドテレビが家庭のどの部屋に設置されるのかをイメージすることが必要です。高齢者をイメージした場合は、「操作が簡単（ワンタッチで操作できる）」なテレビが喜ばれるでしょうが、子供部屋をイメージした場合は、「ボタンを押しただけでは映らない（パスワードが必要）」テレビが喜ばれるかもしれません（遊び心）。特に魅力品質要素は、対象とする顧客によっても変化するのです。

Column

■　某2輪車メーカーで体験した話です。250ccクラスのツーリングバイクを開発したのですが、これが大ヒットで企画目標台数の3倍近くの販売を確保しました。当時の社長が特別表彰ものだと絶賛していたのですが、プロジェクトマネージャーは浮かない顔をしています。「名誉なことではないですか」と申し上げたのですが、彼は、「このモデルは私にとっては失敗作です。買ってくださっているお客さんの多くは、自分たちが予想していた客層と違います。いわばラッキーだっただけです」。以降、このリーダーは特に魅力性要素の抽出の仕方について、慎重に取り組まれるようになりました。ヒットしたモデルを失敗作だと言えるリーダーは頼もしいですね。結果オーライではヒット作の誕生はギャンブル上でのラッキーでしかありません。

1.2 開発活動の課題（やり直しのムダを考える）

1.2.1 開発活動の期間短縮を阻んでいること

良い品質のありたい姿が明確になったので、次に必要なことは、これをできるだけ速くお客様に届けることです。そのためには開発期間を短くする必要があります。

従来の開発活動で、期間短縮を阻害する内容として共通に悩ませている業務には、

①試験評価に時間がかかる

②図面作成などに時間がかかる（CAD/CAM/CAEなどの整備が遅れている）

③やり直しが後を絶たない

などが挙げられます。①、②に対して対策を講ずるにはそれなりの専門的な知識と技量が要求されますが、③は仕事の仕方に起因する問題です。著者の経験では、やり直しのムダが開発効率や品質の安定性確保に与える影響はかなり高いと感じています。ここでは、③に着目して考えてみることにします。

図1.3に示したのは、開発段階での設計変更件数の日米企業比較です。

Column

■　図1.3は真実ではありません。タネを明かしますと、米国ASI社のL.P.Sullivan社長（当時）と著者で創作した概念図です。Fordの副社長にQFDの有効性をPRする目的で作成しました。品質担当役員さんの賛同を得て副社長にお話しした結果、予想以上に薬が効いてしまい、当日の夕方に開発のマネージャーたちが招集されました。これが、同社の多くの部門（パワートレイン、キャスティング、ボディ＆アッセンブリーなど）でQFDの導入・強化が図られるきっかけとなりました。

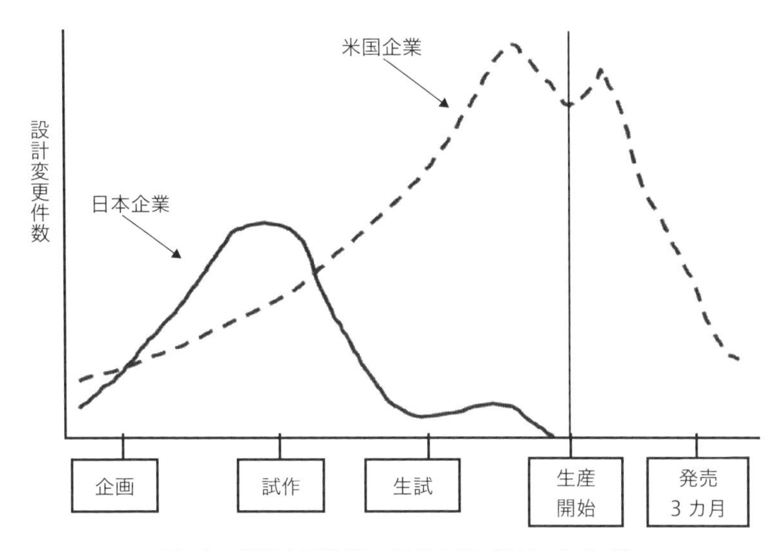

図1.3　設計変更件数の日米比較（1986年作成）

点線のケースでは開発の進行に従って設計変更が多く発生し、生産試作後にピークが来ています。すでに設備が導入され、金型なども発注済みの時期なので、やり直しによる損失が莫大となってしまいます。もっと深刻なことは、この時期になってしまうとタイミングやコストの制約上、応急処置的な対策で対応せざるを得ないこともありましょう。その結果、成熟度が上がらず、生産開始（または販売開始）時期を延期したり、出来栄え品質でクレームを発生させたりしてしまいます。生産開始以降で再度設計変更（いわば火事場騒ぎ）を要する姿が見えています。

一方、実線のケースでは試作前に設計変更のピークが来ており、試作以降は安定に向かっています。つまり、生産間際になって大騒ぎすることがありません。

図では点線が米国企業で実線が日本企業となっていますが、実のところ、日本企業でも点線のパターンが多い状況で、このことが開発の期間短縮を阻害していたのです（赤尾氏は点線型を「後引き型」、実線型を「前倒し型」と呼んでいます）。前倒し型が望ましいのは言うまでもないことです（現在では、「源流管理」の言葉で言われています）。

Sullivan氏がFordのトップに訴えた内容を再現します。1975年頃の自動車で、フルモデルチェンジに費やしている期間（企画リリースから生産開始まで）は米国で50カ月、日本企業では30カ月が実績でした。彼の主張は、「この20カ月の差は点線型と実線型の違いにある。日本企業は実践型の業務展開をしている。われわれも実線型に変わる必要がある。考え方を少し変えるだけでこのことは簡単にできる」と説明しました。

自動車開発において、企画から生産開始までの間で試作・試験や生産試作、生産初期などの中で指摘され、検討される品質問題は1,000件を超えるほどあります。しかしそれらの中で、「長く自動車の開発をやっているが、こんな不具合は初めて見た」と関係者が驚くような不具合はほとんど存在しないのです。もちろん、要求レベルが高くなっているかもしれませんし、原因が異なるかもしれませんが、現象的には以前に経験したものと同じ問題が圧倒的に多いのです（彼は95％近くがこのパターンだと言い切りました）。つまり、経験者の立場では、「また」の問題なのです。

もしも、誰かが早い段階で「前に痛い思いをしたあの問題は大丈夫かな」とつぶやいていたら気がついていたかもしれません。過去に苦労した不具合の半分を防げたとしても、この効果は非常に大きいと思われます。着眼点は、開発の早い段階で「また」をつぶやく機会を設けたらよいのです。百点満点を考えると、ことが大げさになって守り切れないルールをつくってしまい徹底しきれなくなります。むしろ、前プロジェクトの50％がこれで救えたら上出来と考えてみてはいかがでしょうか。その次はさらに50％と徐々に進めることを考えたら、そんなに窮屈なルールでなくてもやれるはずでしょう。

開発段階でもう一つの課題は、残る5％への対応です。新製品にはいくつかの新技術や新構造・新材料が採択されており、それらの中には今まで経験したことがない現象を起こすこともあり得ます。つまり、経験者の「また」が使えないのです。このケースでは、当然のことながら技術開発の段階で、基本機能の検討や評価・確認がなされて量産に採用できると判断されているはずです。とすれば量産設計の段階で起きるのは、相性の悪さや予想外の問題なのです。いわば、技術開発段階で「たまたま」見落とした項目ということになります。新製品で採用される新技術は項目数が限られているのが普通ですから、これらについて徹底的にトラブルの予測をしてみましょう。つまり、「たまたま」を予防するのです（予防の方法については後述します）。

Sullivan氏がFordのトップに訴えたのは、開発の早い段階で「また」と「た

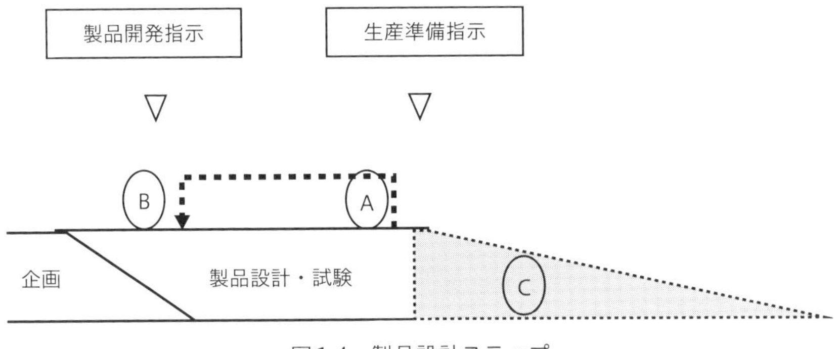

図1.4　製品設計ステップ

ま」にこだわることにより、図1.3の点線を簡単に実線に変換できるということでした。

源流指向型開発活動の効果が見えてくるに従って、世界規模でさらに改革が進み、日本の自動車の開発では企画から生産開始までの期間が1985年頃は18カ月、1990年頃には14カ月になった実績が報告されています。

1.2.2　開発効率化の着眼点（CAPDからPDCAへ）

これまでに述べた「また」と「たま」へのこだわり方を考えてみることにします。

製品設計ステップの活動を**図1.4**で考えてみましょう。良い企画がなされると製品開発指示がなされ、いよいよ設計に入り、具現化した時点で試作・試験に進みます（Ⓐ）。試作・試験の評価でOKが確認されたら、安心して量産化のための生産準備指示が出されます。ところが、Ⓐで完璧であるケースはほとんどありません。試験・評価で悪さを発見・指摘しているのが実態です。これをⒷにフィードバックして、設計をやり直すことになります。これで設計段階での［Check-Action-Plan-Do］のサイクルが回り、生産準備に移行します。

ISO9000シリーズの認証を受けている企業の品質保証体系でも、このフィードバックを強調されているケースによく直面します。一見すると筋が通っているように見えますが、時間軸は横に流れているのでフィードバックと言ってもそれは頭の中だけで、実際にはⒸで活動しています。日程遅れを嫌がる幹部は、設計問題解決を指示しながら生産準備指示を発令します。つまり、設計のアウトプットがわからないままで、生産準備が進行することになってしまいます。途中で設計変更が指示されると、その分、設備・金型・工法などの見直しをしなければなりません。ここでもやり直しが発生してしまうわけです。結局、成熟度を阻害し、生産開始の遅れや品質トラブルの発生など悪さの連鎖をもたらします。これが図1.3の点線パターンなのです。

同じことが生産準備の活動でも起きています。**図1.5**に全体の活動フレームを示します。各ステップの灰色部分が開発の流れを邪魔しているのです。この灰色部分がなかったら、上流から下流に向けて活動が清流化され、スマートな開発が進むことがわかります。

図1.5の灰色をなくすことを考えてみます。設計段階を例に取れば、図1.4のⒶのタイミングで問題を発見していたのでは遅いことになります。問題のほとんどは、過去に経験したものと同じ現象であることはすでに説明しました。とすれば、これをⒷの段階で意識したらいかがでしょうか。すべての問題をというわけにはいきませんが、問題を起こすと処理に莫大な手間を要するような項目だけでも、「例の問題は大丈夫かな？」と検討してみてはいかがでしょうか。もう一つは、新技術・新材料など経験のない分野での問題を、未然に防ぐことを意識しましょう。具体的な処理方法については後節で説明します。

影響が大きいと思われる問題の再発防止・未然防止が成功すると、Ⓐで一般問題が多少残っても、十分に対応できる余裕が生じるので大騒ぎにはなりません。これでⒸの灰色部分が小さくなるのです。全面進軍（すべての問題を再発防止する）を考えると物理的に困難なことですが、重要な問題だけはやり直しを防止する意気込み（重点指向）ならば実行が可能です。また、新技術などの未然防止も項目が絞れていれば実行が可能です。

従来は、設計図面がアウトプットされてから（評価で）問題に気がついてやり直すといった、つまり、仕事の仕方を問題解決型（チェック-アクション-プラン-ドゥ：CAPD）が主流だった活動を、発想を変えることで課題達成型（プラン-ドゥ-チェック-アクション：PDCA）に改革できるのです。

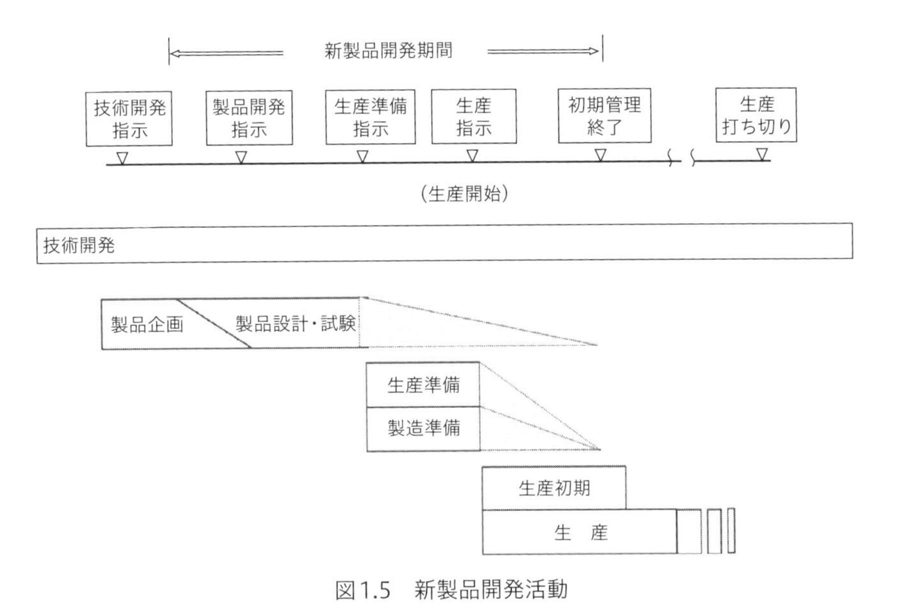

図1.5　新製品開発活動

Column

■「アポロ11号は1969年に月面着陸した。未知の世界を予測しながら、トラブルの未然防止を図った結果である。それに比べるとわれわれが取り扱う新技術は数が絞られているため、その気になったら未知の心配事を予測することはできないはずはない」。某社の開発部長の口癖でした。

1.2.3　コンカレントでさらに成熟度アップ

図1.5の灰色部分が小さくなった姿をイメージしてみましょう。[設計－生産準備－生産] のステップが清流化され、滞留なく流れることになります。設計段階を例にして考えてみると、灰色が小さいということは後ステップまで行ってしまってからのやり直しがない、または影響大のやり直しがないということです。

この状態が実現すれば、設計完了を待って生産準備をスタートさせる必要はありません。生産準備の開始をもっと早くすることが可能となります。設計のアウトプットを待つのではなくて、良いアウトプットが出されることを信じ、設計と並行して生産準備を始めるのです（設計は期待を裏切らない行動に徹します）。これで、開発期間がさらに短縮できることになります。**図1.6**に概念図を示します。

設計と生産準備を並行して進めるという考え方は思考的には簡単にできることですが、灰色部分が大きいままでは生産準備への影響がより大きくなります。加えて、場合によっては市場（お客様）に不良品を届けてしまう危険さえ拡大しかねません。「開発期間を短くしたために出来栄えが悪くなりました」という言い訳はお客様には通じません。つまり、設計と生産準備の同時進行は、灰色部分を小さくして初めて実行できる考え方なのです。

開発期間が従来よりも短くなるイメージがおわかりいただけたと思います。同時に、品質がますます安定の方向に動くチャンスが大きくなることに注目してください。

従来のパターンでは、設計のアウトプットが見えてから生産準備が始まります。すなわち、設計が前工程、生産準備が後工程（生産はさらに後工程）といった形態になっていますが、図1.6では設計と生産準備が同時進行する、つまり、前工程・後工程の概念が崩れています。これが新しいお宝を生むのです。

設計で抑えたバラツキ（構造、材料など）や、設備で抑えたバラツキ要素は制御・調節が可能、つまり始業前に最も良い状態に条件調整を済ませてから、

Column

■　自動車の開発で配管・配線関係でのやり直しが目立ちました。従来から構造などを先に検討し、空間（隙間）を狙って配管・配線するという考え方が優先されているため、配線・配管の検討開始タイミングが遅れます。生産試作には間に合わせなければならず、検討時間が短くなります。しかも、取り回しの自由度がなくなるために、ムリな配線をしなければならないことも生じます。新しいモデルでは構造検討時に、配管・配線の検討も同時に開始する仕組みを定めました。

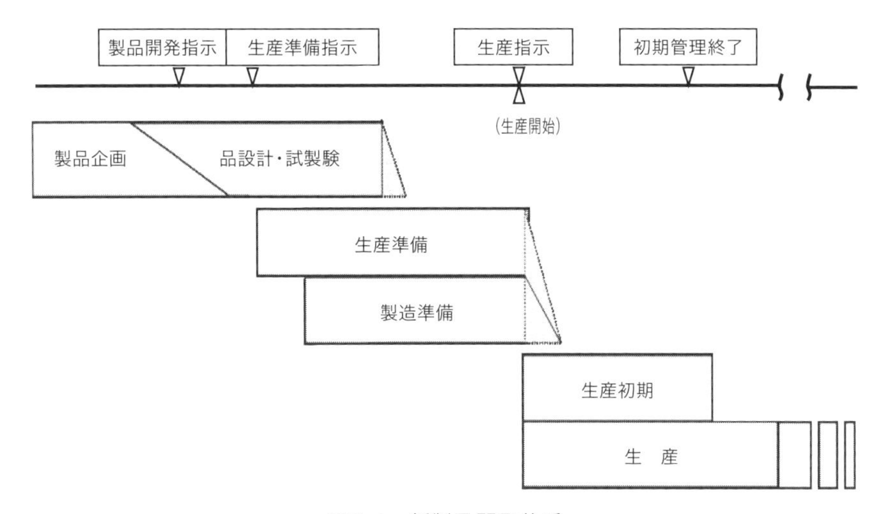

図1.6　新製品開発体系

生産を開始することができます。しかし、作業方法や人に頼るバラツキは制御・調節は困難です。作業中に何かと変化することもあります。作業標準の急所や重要工程指定、さらには工程チェックを増やすなどの管理強化で抑えるしかありません。

作業中に注意する項目が増えるに従って、守り切れないこともあるのです。図1.5の形は、後ステップにお願いする（押しつけ）形になっているので、とかく作業注意事項が増えます。つまり、作業注意などでは守り切れないバラツキ要素が残り、やむを得ないバラツキが大きくなる、言い換えると工程能力を望ましいレベルで保ちにくいことになります。

ところが図1.6では設計と生産準備が同時進行するので、常に設計と生産準

Column

■　現在の製品はソフトウェアが加味されて成り立っています。従来の開発ではメカ・エレキの検討が先行し、解決できなかった部分を「ソフトで対応」で始末するケースが目立ちました。結果的にソフトにムリを押しつける形になり、成熟に手間をかけてしまいます。メカ・エレキ・ソフトの同時開始で、互いの連携を重視する進め方の検討を始める企業が多く見られるようになったのは1990年代以降でした。

備がオンタイムでキャッチボールできることになります。つまり、材料・構造、設備の起因するバラツキを別々に考えるのではなく、設計と設備の協力で最適な方法を考えるのです。これによってバラツキ抑え込みのアイデアが飛躍的に豊かになり、作業現場で注意すべき事項が少なくなってきます。「特に注意することはないよ。いつも通り普通に作業してください」（作業の中に無理な要素がない）と言える工程では、圧倒的にミスが少ないことはすでに多くの企業で実証されています。

「開発期間を短縮させると、品質がますます安定する」。一見、魔法のような言い方ですが、実現可能であることが読み取っていただけたと思います。これが、真のコンカレント開発システムのうま味なのです。「開発期間を短くすると品質が乱れる」のは、図1.4の灰色部分への対応をしないままに、設計と生産準備を同時進行させたことによるのです。

Column

■　西堀栄三郎氏は口癖のように、「技術屋は、『これしかない』と言ってはいけない。『これがダメならあれがあるさ』と、いくつかの解決策を出せるのが一流の証明である」とおっしゃいました、（著書「忍術でもええで」にも述べられています）。設計と生産技術が協力すれば解決案が豊富になり、作業者へ申し送る急所指示事項が減少する期待感は膨らみます。

1.3 品質機能展開（QFD）とは

ここまで「良い品質」と「効率的な開発行動」について検討してきました。2つの狙いについて、関係する部門・人たちが課題・問題を共有して仕事を進めることができたら、全社のパワーが結集できることが期待されます。

2つの課題をもう一度整理しておきます。

①「市場に新たな感動を提供する」：顧客の要求事項を整理し、製品のありたい姿を明確にする

②「効率的に開発を進める」：やり直しのない開発を進めるための仕事の流れを整理する（源流管理の実現）

①を「品質の展開」、②を「品質機能の展開」と呼びます。この2つは別物のように見えるかもしれませんが、連携させて仕事の仕組みとして整備した方が関係者の総力共有が得られるはずです。①と②の活動を合体して品質機能展開（QFD）が誕生しました。

Column

■　米国では1983年に、米国品質管理学会誌で品質機能展開が紹介され、以降、セミナーなどを通じていくつかの企業で導入されました。当時、品質機能展開は“Quality Function Development”と訳されていました。1987年に米国空軍が、主要サプライヤーに向けて日本式TQMを学ぶプログラムを設定した際に、その中では“Quality Function Deployment”と書かれました（同プログラムではほかに方針管理、品質工学、工程管理などが紹介されています）。以降、日本でもQFDの言葉が一般に流通し始めました。本書でも以降はQFDと示すことにします。

仕組みとしてのQFDの着眼点は以下の5項目に要約されます。扱っている製品や企業文化などによって重点は異なるかもしれませんが、新製品開発活動

としては共通する重要ポイントと言えましょう。

①について、

Ⅰ．市場ニーズの先取り（顕在・潜在要求の把握、使用の限界条件把握など）

Ⅱ．目標の明確化（市場の声を品質特性に置き換えて目標を定量的に提示）

（注）品質特性：製品の状態を表現する言葉。品質を構成する性質・性能などで計測が可能なもの

②について、

Ⅲ．事前検討の充実（故障予測、再発防止）（上流から下流へ）

Ⅳ．品質伝達の適正（市場の声－品質特性－設計特性－設備条件－作業標準の確実な連携）

Ⅴ．評価確認の徹底（良さの確認）

[事例紹介]

トヨタ車体在籍時代に1977年モデルの開発で苦労しました。市場では大歓迎されたモデルだったのですが、開発活動途中でやり直しが多く発生し、苦戦しました。このときの反省が新製品開発の進め方を見直す機会となり、QFDを基本とした仕組みが整備できました。以降は、この仕組みを都度見直しながら活動の質を上げています。古い話題ですが活動の反省例として紹介します。

このときに品質機能総括業務の立場で、関係職場のリーダークラスに協力いただき活動の総反省会を実施しました。初期市場で指摘された品質問題、開発の段階でやり直しをした品質問題を200個ほど選んでワイガヤを実施したのです。「なぜこんな問題を後ステップまで残したのか」「どこが悪かったのか」的な原因追及や責任追及の議論はやめて（設計は2年近く前のことを思い出さねばならないし、とかく全面的に悪かったと意識しがちになるので）、「今にして思えば、もしも○○のときに△△を情報として得ていたら、この問題はもっと早く気づいたかもしれない」の調子で語り合いました。200も話し合うと、一つひとつの議論の精度は疑わしくても、層別してみると当社の活動の課題が見えてきました。

「もし、たら」意見を層別して明確になった一例を紹介すると、

①製品企画の評価

初期市場で指摘された問題の中に、社内で開発中に一度も議論されなかった問題が多く含まれています。つまり、開発中には問題視していなかったことになります。

【背反特性を配慮しなかった、使用環境条件を配慮しきれていなかった、市場要求水準を把握しきれていなかった（目標レベルが甘い）】などが反省できました。

②開発段階でやり直しをした項目の反省点

以下の項目が挙げられました。

企画段階：【あいまいな目標設定、コスト目標設定が遅い】など

設計段階：【バラツキの見込みが不足、市場の非正常使用状態への配慮、品質予測の技術が不足、出図遅れ（特に配線・配管）】など

試験段階：【評価に時間がかかる、評価方法があいまい、評価漏れ】など

生産準備段階：【目標伝達の連鎖ができていない、特性値変換に矛盾】など

これらの項目が自社の開発活動に潜む課題であることを認識し、対応策を考えます。時間的に対応できる事項から新モデル開発に反映させるべく対応した結果、1979年モデルでは大きな成果が確認されました。

次期製品開発活動の重点取り組み内容は以下の通りです（タイトルのみを示します）。

Ⅰ．市場ニーズの先取り：品質表の改善、市場調査法の改善

Ⅱ．目標の明確化：目標の細分化（定量目標）、重点項目の明示、品質とコストの同時検討

Ⅲ．事前検討の充実：手法活用（SQC，FMEA，FTA）で故障予測、R-FTAの活用による信頼度予測、設計審査のやり方見直し

Ⅳ．品質伝達の強化：手法活用（FTA，FMEA）で公差配分、最適工法の検討による工程能力の確保、重点項目の機能展開

Ⅴ．評価確認の徹底：市場と工程の対応性検討で試験評価法改善、試作品での公差確認の質向上

QFDの考え方は1960年代後半に生まれたものですが、1978年に水野、赤尾両氏による著書「品質機能展開」が発刊されてからわが国の多くの企業で実務展開されてきました。各企業でいろいろな工夫が加えられた結果、望ましい新製品開発の仕組みとして成長したと言えましょう。

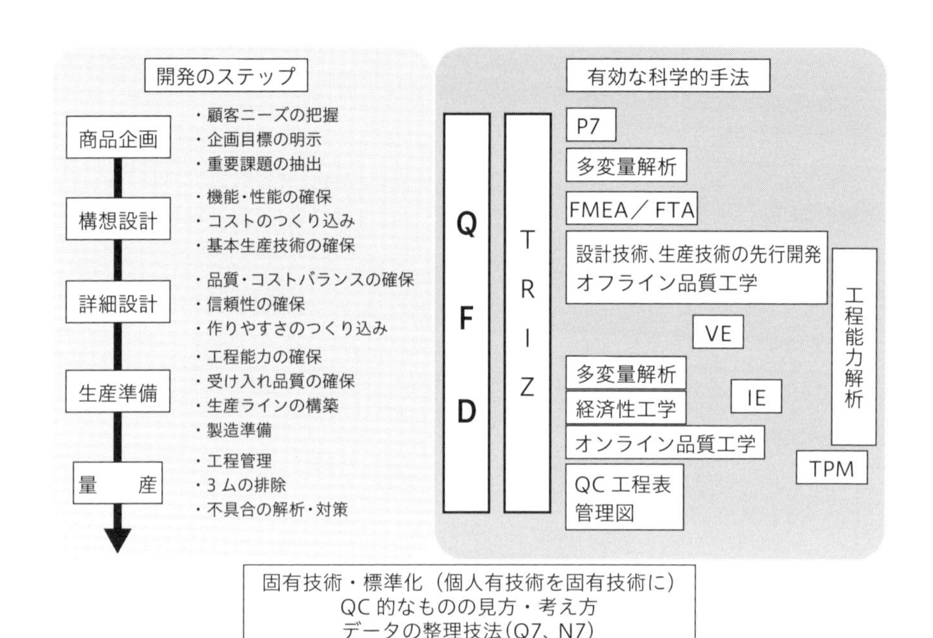

図1.7　量産へのスムーズな移行に有効な科学的手法（鬼に金棒）

図1.7に示す通り、従来の個人有技術を中心とした開発スタイルから、関係者の全員参加による総合力発揮スタイルに変わるためには、相応の武器（技法・手法）をうまく活用した方が有効であることは疑う余地はありません。個々の武器についてはそれぞれ専門の先生方が内容を深められていますが、これらをうまく連携させて有効性を高めるための仕組みがQFDであると考えると、QFDは（新製品開発の）仕事の進め方そのものであることがよくわかります。まさに「鬼（個人有技術）に金棒（仕組み・手法）＝天下無敵」というわけです。

図1.8は、新製品開発の5つの柱（前述のⅠ～Ⅴ）を説明されたものです。図1.7と合わせて眺めると、QFDの狙いどころがイメージできると思います。

QFDの考え方は1975年頃から多くの企業で、品質管理の一環として育まれていたと考えられます。これを体系化して、品質保証の仕組みとしてまとめられた（解析的アプローチから設計的アプローチへの変換）のがQFDである、と理解してみてはいかがでしょうか。つまり、特別の考え方・手法ではなくて、これからの品質保証活動に必須のことを示されたものなのです。

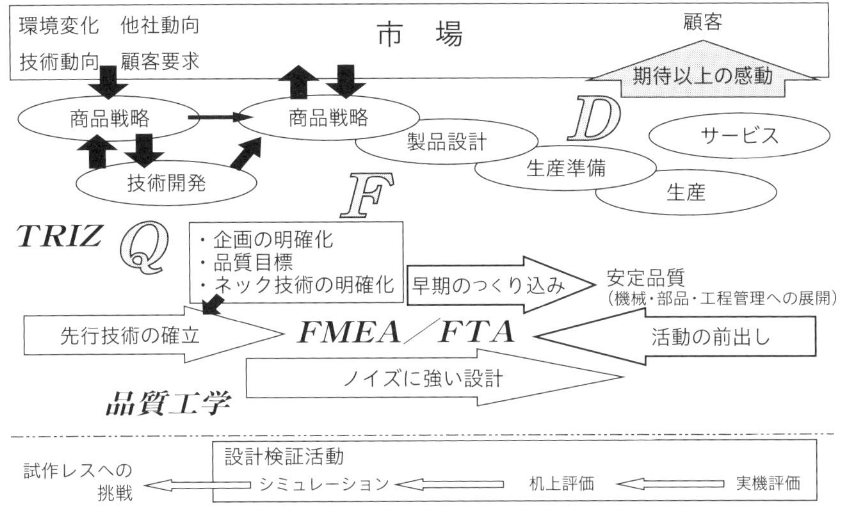

図1.8　新製品開発活動の重点

出典：セイコーエプソン㈱　小谷野氏原案

Column

■　水野滋氏は、著書「品質機能展開」のまえがきで次のように述べられています。この言葉は1970年頃までのTQMについて述べられているものと思われます。現在でもこの指摘事項が続いているケースが多く、QFDの考え方を知る上で参考になります。

『従来のTQMはややもすると、品質確保のための活動が互いの関連が検討されないまま、各ステップあるいは各部門で独立に関連なく行われているので十分な効果を上げられない、つまり、全社的な活動になっていないきらいがあった。また、品質設計に当たって要求品質特性と代用特性との関連や、完成品と部品との品質の関連が明確にされないまま標準化が行われていたり、工程を管理する場合でも見当はずれの管理特性を管理したりしていることが見受けられる。最近、これらのまずさ解消のために「品質機能展開」が有効な活動であることが認識され、多くの成果報告が見られるようになった。機能展開の方法そのものは特別に新しいものではないが、品質管理でこの活動が実施されるようになったのは比較的新しいことである』（要点を抜粋させていただきました）

1.4 日本のQFDの実情

顧客の期待を超える感動品質の実現が求められる現在、日本の企業競争力が低下してきています。企業力の源泉が企画の品質にシフトしているのですが、企画の品質を実現させるための技術開発を含めた、開発マネジメントの変革が遅れているのではないかと思われます。

Japan as No.1と呼ばれた日本から「良い仕事の仕組みが継続的に良い結果をもたらす」ことを学んだ米国の企業は、自分たちの文化にアレンジして仕組みの構築（開発ではDesign for Six Sigma：DFSSなど）に努め、魅力製品の開発力を高めました。そのプログラムの中にQFDなどが位置づけられています。

それに比べて、現在の日本製造業では多くの企業で、結果が良ければプロセスは問わないというかつての欧米流の合理主義マネジメントの導入が進んでいます。それに合わせて、チームワークによる中長期視点の大きな成果よりも、個人の責任を重視した短期的な成果が求められる方向に進んできたように感じます。失敗回避を優先した事前に予測可能な範囲での小さな改善や、過去の成功例の踏襲というような無難な行動が評価されるようになったのが要因ではないでしょうか。感動品質が求められている時代では、ダントツの品質レベルの提供が不可欠ですが、これでは挑戦的な技術開発を避けた自企業の技術力以上の目標は放棄せざるを得ないことになります。

その結果、QFDの考え方・狙いを承知はしてはいるものの、「展開に手間がかかる。難解な面があるために納得できない結果になることがある」などを理由に、導入をためらったり避けたりするケースが目立ってきています。

今こそ顧客の感動確保を目指して、挑戦することが求められているのです。

筆者は、QFDを手法ではなく、新製品開発の仕組みを説いたものと理解しています。技術開発から市場・サービスまでの全部門が連携して良い結果を創出すべく、仕組みの強化を図っていただきたいと考えます。難しい理論や手続きを実務の上では簡略化することを工夫して、「楽しみながら展開できる仕組み」を構築するために誕生当時のQFDの考え方・狙いなどを今一度振り返り、時代に適合する仕組みに成長させることが求められます。

第2章

品質企画
（品質表の作成と活用）

顧客に感動を提供するためには、顧客が感じている要求以上に、顧客自身がまだ気がついていない要求をも提供する必要があります。

本章では、製品企画のステップで、

○潜在の要求をも含めた顧客要求（VOC）の整理・創造のやり方

○重要なVOCの選定法

○企画目標の設定

○技術的な実現可否の検討

について手順を追って説明します。最後に、これを要求品質展開表（品質表）に整理し、関係者が知識・意識を共有するための手立てを示します。

OFDの実践において非常に重要なステップですが、手続きの難解さ・複雑さなどから、実施を躊躇されている企業も多く見受けられます。筆者たちはもっと手軽に取り組むことができないかと検討を重ね、簡素化して効果を得る手順を提案することにしました。国内のみならず欧米の企業でも歓迎され、米国ではFukuhara Methodと呼ばれている進め方です。

2.1 QFDが力を発揮する分野

QFDが新製品開発の仕組みであることはすでに述べてきた通りですが、どんな新製品開発にも適用できるものではありません。新製品開発を**図2.1**で分類したと考えてみてください。それぞれ新製品開発の狙いが異なります。

図2.1は、以下の2面で新製品開発の狙いを分類しています。

狙いの市場：すでに自社が参入しているまたは現状の状況を知ることができる市場であるか、またはまったく新しい分野に参入しようとしているのか

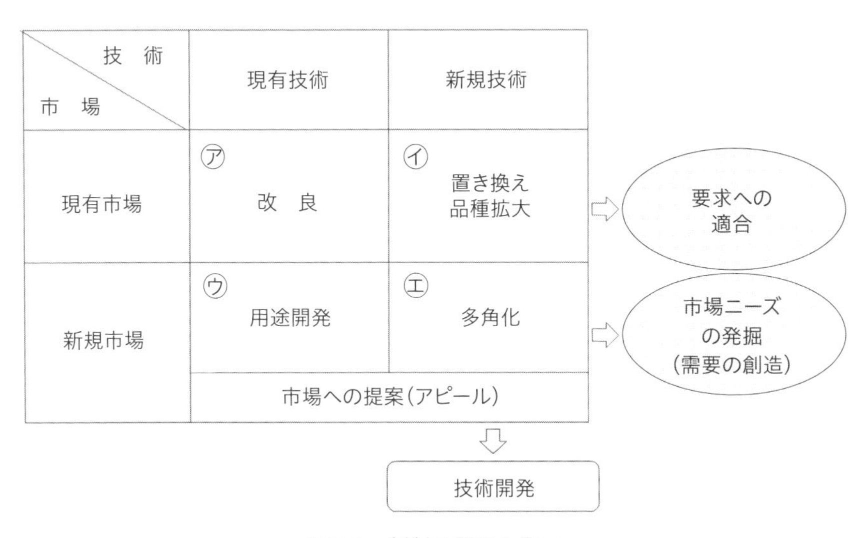

図2.1　新製品開発の狙い

出典：宮村鐵夫氏講演資料から抜粋

背景となる技術：従来技術で考えているのか、新規技術（Seed技術）が開
　　　　　　　発できたためそれを採用して新製品を考えているのか

既知の市場へ現有技術で新製品を考える場合（㋐）は、現在流動中の製品の改良またはダントツのコストダウン辺りが狙いの限度でしょう。対して新技術を採用する場合（㋑）は、便利さの拡大（買い替え需要）や用途の拡大をもたらすチャンスとなります。いずれにしても㋐、㋑は市場がわかっているので市場の要求を調査することは可能です。いわば市場要求に適合する（潜在要求も含みます）製品の開発を目指すことになります。

しかし、㋒、㋓では市場が決まっていないので、自社の保有技術はどんな分野で市場に貢献できるか、つまり、どんな市場を狙うのがよいかからの検討が必要です。客が未知のため、市場の要求を調査するようなストーリーは成り立ちません。また、新規に参入する立場から考えると、何らかのアピールできる製品が求められます。市場要求への適合ではなくて、どんな市場を狙うのが有効かを検討し、さらに市場に対して「こんな面白い、便利な製品があるのですよ」と提案していく気構えが要求されます。

QFDは、この中の㋑を狙う製品への適用を主体に構築されています。以降のQFDは㋑の市場に対する展開で説明していきます。㋒、㋓については後節（第5章「新規市場へのQFD活用」）で説明します。

2.2 品質企画のありたい姿(品質表のすすめ)

顧客の要求を充たす製品を提供することの重要性はすでに述べた通りですが、顧客の要求は「言葉」によって表現されることが多く、そのままでは設計できません。そこで、顧客の要求を品質特性に置き換えて、技術屋のわかる数量で目標を定める必要があります。QFDでは顧客の要求と品質特性の関連を、ひと目で見られるように「要求品質展開表(品質表)」を提案しています。「見える化」によって関係者が納得すること、さらには実現のための重点事項を共有できること、などを目指しています。**図2.2**に品質表の構造を示します。

顧客要求品質をVoice of Customer(VOC)と呼びます。顧客は、技術的な難易や関心の強さに関係なく要求をつぶやくことが可能ですので、VOCの中にはさまざまな事項が含まれている可能性があります。これらに対して素直に耳を傾けることが大切です。技術的にできるとかできないとかの議論は必要ありません。

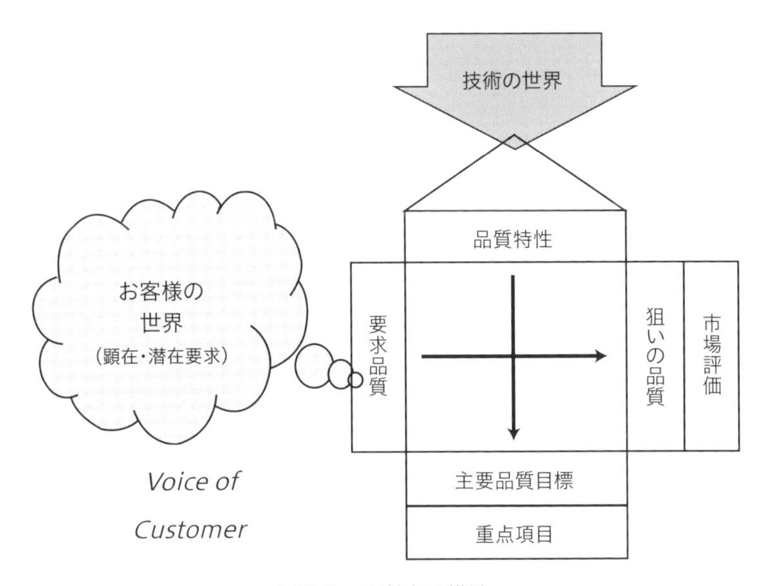

図2.2　品質表の構造

どの要求を重要視しなければいけないかなどの検討は、図2.2の右側の部分で検討しています。この部分がVOCのメリハリ付けになります。縦軸は、顧客の要求を充たすための技術的な展開となります。つまり、横軸と縦軸が「WhatとHow」の関係になっています。

Column

■　QFDで唯一提案された道具が品質表です。顧客の声を品質特性に、品質特性を部品特性に、品質特性・部品特性を設備仕様に、設備仕様を作業標準になど前工程と後工程の関連を顕在化しているので、情報のズレ・ミスが防げます。QFDでは、これを機能の展開と呼んでいます。**図2.3**に情報連鎖のイメージを示します。前ステップのHow（アウトプット）が次ステップのWhat につながり、WhatがHowに結びついています。

「品質表＝QFD」と考えるのは間違いですが、新製品開発の適正を図る上で非常に有力なツールと言えましょう。あるいは品質表の活用こそが、世界中の多くの企業でQFDが重宝がられたカギだったのかもしれません。

Column

■　長く製品開発に携わって来られたベテランの技術者は、Whatを議論している場でもついついHowを考えてしまいます。最悪の場合、Whatを論じている場で「それは技術的に無理」と顧客の要求を否定してしまいます。顧客が専門家でない限り、できるとかできないとかの議論は無関係です。品質表ではWhatとHowを完全に分けて検討しています。品質管理の考え方の一つに、「分けたらわかる」という教えがあ

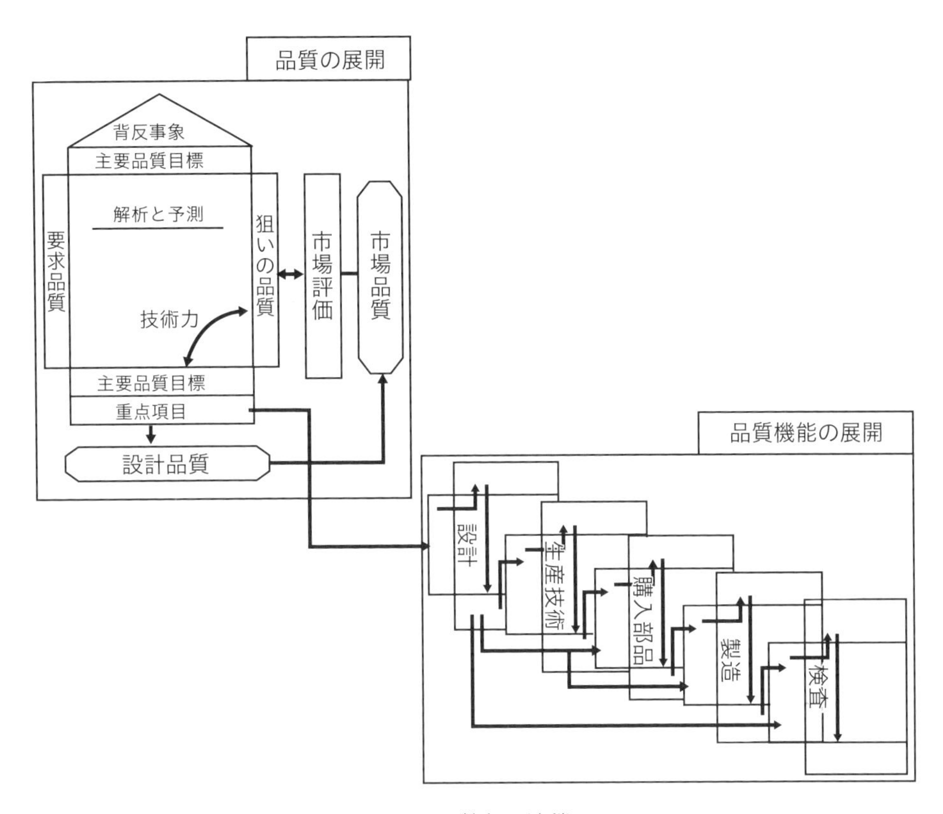

図2.3　情報の連鎖

ります。筆者は先生方から「迷ったり困ったりしたら、分けてみなさい」と指導されてきました。何もかもを一緒に考えるのは一見スマートに見えますが、「急がば回れ」の格言を待つまでもなく、土俵を分ける、層別を変えてみることによって問題・課題がより鮮明になってきた経験はどなたにもあるのではないでしょうか。

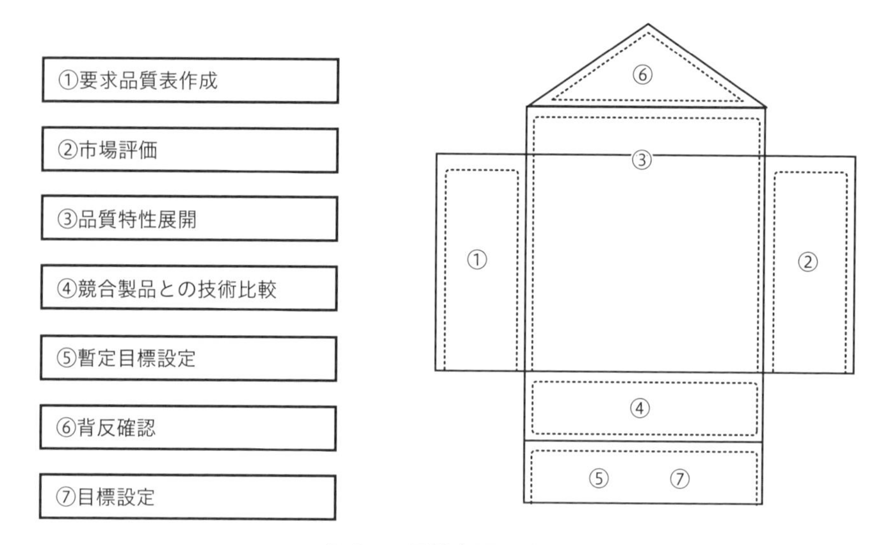

図2.4　品質企画の手順

各ステップでWhatがHowに置き換えられて、課題達成・問題解決の活動が展開されます。アウトプットでは検討の内容、対応策、次ステップ以降の要注意事項が伝達されます。次ステップでは、このアウトプットを確認した上で自ステップでの要対応事項をWhatとしてインプットしていきます。課題を共有しながら、総合的に乗り越え策を講じていく姿をイメージしてください。

図2.4に品質表整理による品質企画の手順を示します。以下、これに従って説明を加えていくことにします。

2.3 品質表の作成手順

2.3.1 要求品質の把握と整理（図2.4①）

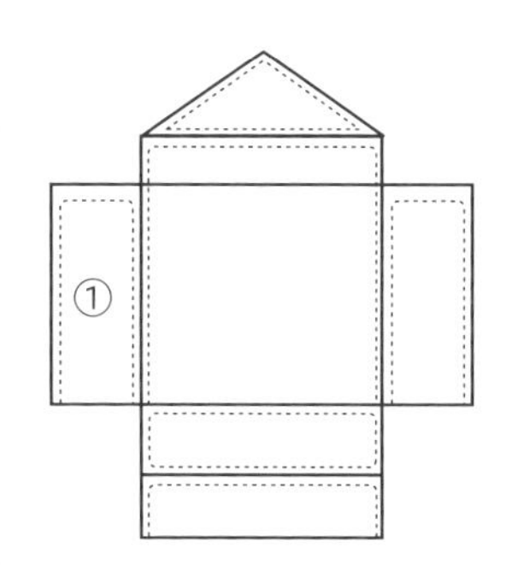

次期の新製品に関する顧客の要求（情報）を、あらゆる手段を用いて収集します。自動車で例を挙げると現流動品に対して、

- ・クレーム情報（故障現象・発生までの使用期間・走行キロ数など）
- ・純正サプライパーツ出庫状況（定期交換対象以外部品の異常出庫状況など）
- ・顧客からの苦情、問い合わせ情報（投書・電話での問い合わせなど）
- ・中古車市場（外観品質など）（サンプル数は限られるが競合製品の状況も把握可能）

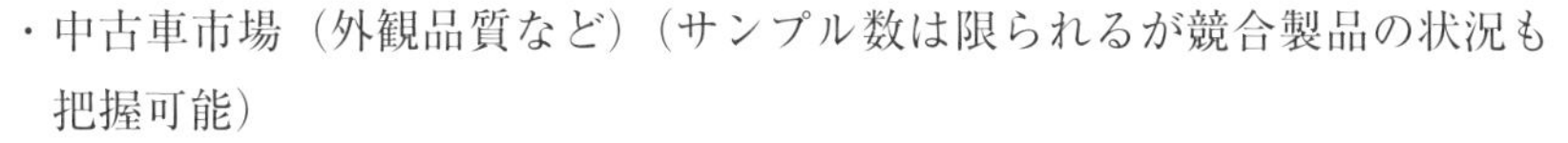

- ・廃車処理場（異常摩耗や変形など）（調査数は限られるが競合製品の状態も観察可能）
- ・新車発表会、モーターショーなどでの来場者のアンケート、つぶやき内容メモ
- ・専門誌、週刊誌、新聞などでの関連記事
- ・漫画（「鉄腕アトム」や「ドラえもん」には10年先の姿が登場している）

など、顧客からの情報や市場の動向を知る機会は至るところにあります。どの情報が有効か、というような議論はまったく必要ありません。あらゆる機会を通じて情報の把握に努めることが求められます。

Column

■　会社が大きくなると、情報が至る所に散らばってしまいます。企画の参考情報に役立たせるためには、一元化できていることが望ましいのです。収集する部署はいくつもあるでしょうが、企画にいつでも活用できるように、最新の情報を整理しておく体制を勧めます。

⑴ 市場調査の限界（原始情報と要求品質）

市場情報を収集する機会はたくさんあるのですが、残念ながらこれで完璧という調査はあり得ません。これから開発しようとする製品に対してすべての顧客に要求を聞くことはできませんし、仮にできる方法があったとしても範囲・数量・タイミングなどを考えると、コスト的にも無理が生じます。アンケート調査などで把握できるのは、顧客が関心を持つ事項の時系列変化（関心を持つ内容のトレンド）が精一杯でしょう。さらに、潜在の要求は調査のしようがありません。

誘導尋問のように顧客の関心を探る案もありますが、この作戦は次期製品へのPR（関心の誘導）が主目的となり、販売開始直前のタイミングにこそ有効な手段と言えましょう。しかし、企画の品質を検討する段階での誘導尋問は、下手をすると顧客に多大な期待感を植えつけることになりかねません。つまり、暗黙の契約事項となる危険が発生してしまいます。図1.2のKANOモデルでも言及した通り、特に潜在の要求事項はいったん顕在化すると魅力感のレベルが下がります。企画段階から顧客に実現していない内容を教えることは、特定の顧客向けの商品以外ではあまり感心できません。良い意味でのサプライズを提供したいのです。

もう一つの問題点は、顕在要求の情報（つまり私たちが入手できる情報）の大部分は現流動品（競合品も含む）に対する不満足にだけ関係する品質要素（KANOモデルの当たり前品質要素：基本機能など）、満足・不満足を感じる品質要素（KANOモデルの一元的品質要素：性能など）であり、満足だけに関係する品質要素（KANOモデルの魅力的品質要素：新規用途、付加機能など）の把握はほとんど期待できないのです。顧客の期待はタイムファンクションで変化しており、変化の多くは性能・魅力など潜在要求を企業側が製品として顕在化し、市場に提供することで啓蒙してきたと考えられます。

Column

■　家電製品などで、製品購入時にアンケートはがきが添付されているケースがありました。不特定多数の顧客情報であるため、因子分析などで顧客の関心事項がその時々で変化していることを把握するには、強力な武器となります。しかし、動向はつかめても細かい要求は把握しきれません。

入手した情報は、世界中に一人以上はこんなことを感じた人が存在していたという点では事実ですが、情報の収集に偏りがあるかもしれないため、市場を代表する要求情報であるという確証は得られません。残念ながら、情報が偏っているかどうかの判定はできません（ぼんやりものの誤り）。したがって、入手した情報は何らかの偏りがあるかもしれないことを前提にとらえることが必要です。事実であることは間違いないのですから、この情報をヒントに、自分たちで真の要求を発見・創造していかねばなりません。

入手した悪さ・不満中心の情報に基づいて製品企画をすると、「悪くない品質」は確保できるかもしれませんが、「良い品質」を確保できる保証はありません。私たちは積極的に「良い品質」を市場に提供したいのです。

以上の背景から、何らかの調査で得られた要求情報を真の要求を見つけ出すための参考情報という意味で「原始情報（Raw Voice）」、真の要求情報を「要求品質（VOC：Voice of Customer）」と呼び、原始情報から要求品質を探ることにします。

⑵ 要求品質の整理・創作（原始情報からVOCへ）

市場情報は言葉（言語）で表現されていることが多い（数値があったとしても個人情報でしかない）ので、原始情報から要求情報への置き換えについては言葉の処理をする手法を活用します。QFDでは、原始情報を抽象化（発想を広げる）する手段としてブレーンストーミング法、混沌とした情報を集約して新しい要求を発見する手段として親和図法（KJ法）を有効活用することを推奨しています。2つの手法の詳細は専門書に任せるとして、ここでは要求品質の整理に関する手順に絞って検討します。

(a) ブレーンストーミング（入手した情報を抽象化する）

すでに記した通り、入手した情報は偏っているかもしれず、大雑把な言い方や微細な言い方など千差万別で、顧客の自由な言葉でしか表現されていません。顧客は本当のところ何を訴えたかったのでしょうか。真実をつかむことはムリですので、QFDでは、原始情報から「ああかもしれない、こうかもしれない」と発想を拡げて（これを抽象化と言います）、顧客の要求を見つけるチャンスをつくり出すことを推奨しています。あまり前提条件などにとらわれずに発想を拡げるには、ブレーンストーミング法が最適です。

Column

■　ある2輪車メーカーで、台湾の顧客から「コーナリングが良いオートバイが欲しい」との情報がありました。従来レベル以上のコーナリングであれば、台湾でつくっているエンジンではパワーが小さいので日本製（小型高出力）を輸出する必要があります。これではコストが上がり、とても競争力はありません。ところが台湾で使われているオートバイを観察すると、変形したタイヤは見当たりません。交差点で混雑している隙間をするりと抜ける状態を、顧客はコーナリングと表現していることがわかったおかげで、現地製エンジンでも問題ないこととなりました。出力は低いけれどもサイズが大きいエンジンは逆に、顧客の満足感を確保するには有力であることがわかりました。顧客の表現は千差万別です。

①ブレーンストーミングの準備

・原始情報を集めます。顧客からもたらされた言葉を加工せずに準備します。

・検討チームを編成します。チームは市場をよく知っていると思われる人で、8〜10人くらいが適切です（多くの企業では、営業企画・営業・品質保証・サービス・製品企画などの業務に携わっている人が参加しています）。

・ポストイット付箋紙、ホワイトボード、模造紙などを準備します。

以下、原始情報1個ごとについて討論します。**表2.1**にVOC作成の手順を説明します。本事例は100円ライターについて議論されたものです（本事例は文献「品質展開法」を参考にさせていただきました）。

②（表2.1㋐）原始情報を加工せずに、入手した通りの表現で記入

③（表2.1㋑）原始情報からこの言葉が発せられるかもしれない場面を想像

表2.1　VOC作成の手順

原始情報	シーンの想定	要求項目	要求品質（VOC）
（例） ・ちょっと水に濡らしたら火がつかなくなった	・雨のバス停 ・水溜まりに落とす ・水辺での使用 （濡れ手使用） （水しぶき） ・シャツのポケットに入れたまま洗濯	雨の中でも着火する 雨の中でも炎が安定している 故障しない （以下略）	・雨の中でも着火する ・雨の中でも炎が安定している ・雨の中でも消えにくい ・水に濡れても使える
㋐（原始情報１個単位で）入手した通りの表現をしてください（加工しない）	㋑原始情報は、顧客がどんな使い方をしているとこんな言葉が出るかをイメージする。真実を予想するのではなく、可能性を広く推測する。この部分をブレーンストーミングでワイワイを行う（Who，When，Whereをイメージしてください）	㋒左のシーンで原始情報の言葉が出たとすると、この言葉で顧客が真に言いたかったことは何だったのかを検討する	㋓だとすれば、製品に求められている状態はどんなことかに書き改める。これをVOCとする

真実を探るのではなくて、可能性をイメージしています。このシーンの想定をブレーンストーミングするのです。右脳を駆使して想像豊かにワイワイしましょう。経験から言えば、Who、When、Whereをキーワードにするとイメージしやすくなります（シーン想定の議論が豊かであればあるほど、VOC発見のチャンスが多くなります）。ここでは真実を知ろうというのではなく、発言された言葉から可能性がある使われの場面を想定しようとしています。

(b) 原始情報からVOCを創作する

④（表2.1㋒）「こんな使われ方をしているとき（シーン）にこんな言葉が発せられた（原始情報）」と仮定すれば、この言葉で顧客が本当に訴えたかったことは何だったのかを議論

ここで注意することは、andやorを使わないことです。つまり、一つの意味しか持たない表現にこだわってください。

（例）「情報伝達」行動の例で表現法を見てみることにします。

「情報を伝える」：はたらき（機能）の表現

「正しい情報を早く伝える」：品質表現（情報の質を表現しています）

「正しい情報を伝える」「情報を迅速に伝える」：VOCの表現（VOCは2個に分かれます）

⑤（表2.1㋓）表2.1㋒で整理した要求項目一つひとつについて、この要求項目を充たすために、製品としてどんな状態であることが求められているのかを検討

これをVOCとします。㋒と同様にandとorは厳禁ですし、技術的にできる・できないの議論も不要です。なお、VOCの表現には他にいくつかの注意すべき点があります（文献「品質展開法」）。

要求品質（VOC）の表現について100円ライターの例で示します。

1）2つ以上の意味を含まない簡潔な表現にする（andとorを使わずに一文一意で表現する）

2）品質的表現を入れる（×カラフルな色がある、○カバーの色が簡単に変えられる）

3）品質特性（特性値）が含まれないようにする（×耐久性がある、○長持ちする、強い衝撃に耐える）

4）方策や対策が含まれないようにする（×電子着火にする、○軽いタッチで着火する、片手で火がつけられる）

5）否定的表現を避け、肯定的表現にする（×雨の中でも消えにくい、○雨の中でも着火する、雨の中でも炎が安定している）

6）体言止めは好ましくない

7）対象を明確にする（×着火がスムーズである、○スムーズに着火する）

8）抽象化された表現をなるべく具体的な表現にする（×着火時に変な音がしない、○スムーズに着火する）

9）顧客の真の要求を表現する（×小型である、○手の中に納まる、ポケットに入る）

10）希望的表現でなく状態を表現する（×ポケットの中を汚したくない、○持っていて安心である、持ち運びやすい）

11）説明文ではなく簡素な表現をする（×水たまりに落としても煙草に火がつけられる、○水に落としても使える）

いずれも重要な注意点ではあるのですが、筆者の経験では全部を意識し過ぎると議論が進まないことにもつながりますので、「できる限り意識しましょう」とお願いしています。ただし、1）、4）は設計者の自由度を奪うため厳守したいところです。

上記以外で、注意すべき点を以下に示します。

・顧客は誰かを意識すること（エンドユーザーだけではなく、自社から出荷された以降で影響を受ける人はすべて顧客）

・自社の後工程は顧客ではない（後工程はお客様の考え方は設計段階以降から重視します）

・「値段が安い」はVOCに含めない（要求品質を満足した製品を、できるだけ安く手に入れたいのが顧客の真の要求ですから、要求品質とコストをこの段階で論じることはできない）

(c) VOCのまとめ（KJ法的整理）

ここまでの活動で原始情報からVOCを創作しました。ブレーンストーミングが豊かであればあるほど、VOCの数は多くなることが予想されますが、あまり多くなると全体を把握することが難しくなります。また、作成したVOCの表現レベルも同じという保証はありません。これらの課題を乗り越える手段として親和図法（KJ法）を勧めています。

Column

■　筆者が初めて参加したブレーンストーミングでは、100個弱の原始情報から900個余りのVOCを作成することができました。900もあると一つひとつ読んでみても、製品全体としてのイメージを描くことは困難でした。詳細設計の段階であれば、これらのVOCはヒントを与えてくれるかもしれませんが、製品企画の段階では全体像を見えるようにしたいのです。一枚一枚の葉っぱ（VOC）から森（製品としてのイメージ）が見られるように、全体を整理することが必要でした。

親和図法の内容については専門の文献などで確認していただくとして、グルーピングして全体が見えるようにするのではなく、親和の感じ方によっては新しい、つまり潜在要求を発見するチャンスとなります（このことが、KJ法の真の狙いとも言われています）。

Column

■　専門書ではKJ法を、「混沌としている状態の中から、あたかも夕暮の空に1つ、2つと星の光を見つけ出すように、事実あるいは意見、発想を言語データとしてとらえ、収集した言語データを相互の親和性によってまとめ上げる手法」と説明されています。ここで重要なことは、親和性という言葉の意味です。親和（affinity）と私たちが慣れ親しんでいるグルーピング（grouping：似たもの同士を集める）との違いに注目してください。

専門書などでは親和図法的グルーピングをうまくやる注意点として、「頭の中でカテゴリーをつくり、カテゴリーの中に作成したVOCを当てはめないように」「VOCの言葉にとらわれないで意味・内容を重視しなさい」と説かれています。大切なポイントですが、実際にやってみると、これがなかなかうまくできないケースが多く見られます。全員が親和図法の神髄をマスターすることを待っているわけにもいきませんので、筆者は以下の手順で実行するよう提案しています。馴れるに従って親和の妙味を感じられるようになればよいのではないでしょうか。

Column

■　作成したVOCを眺めて、「ああ、これは性能のことを言っている」「これらは外観のことだ」というように、まずカテゴリーを決めて、そこへVOCをはめ込むケースが多く見られます。このやり方（グルーピング）では新しい発見の機会が失われてしまいます。

筆者は親和図法を楽しくやりこなすために、初めて実施する人たちには以下の手順を勧めています。

①ブレーンストーミングで作成したVOCを、1枚ずつポストイットカードに転記する

②ポストイットカードをしっかりとシャッフルし、参加者に均等枚数を配布する。各自、自分の受け持ったカードをよく読んでおく

③まず一人が親になり、自分のカード1枚を読み上げる。メンバーは自分のカードで何か親和性を感じた場合にそのカードを提出する。まったく同じ表現のカードがあった場合は廃棄する（1枚だけ残す）。いきなり大きな親和でとらえないこと

④親になった人は、提出されたカードを読んで親和性を評価する。なるほどと感じたカードを寄せて、新たなVOCカード（色を変えるなどをしておくとわかりやすい）を作成する（元のカードよりも大きな言葉になる。体言止めではなくVOCの表現にすること）。感じた親和性から外れたカードは、提出者に差し戻す

⑤次に、親が変わって③、④を繰り返す。すべてのカードがなくなるまで続ける。親和を感じるカードが1枚も提出されなかった場合は、読み上げたカードを新しい色のカードとする

⑥新しく作成したカードで③～⑤を繰り返す。これ以上くくっても仕方がないレベルまで繰り返す

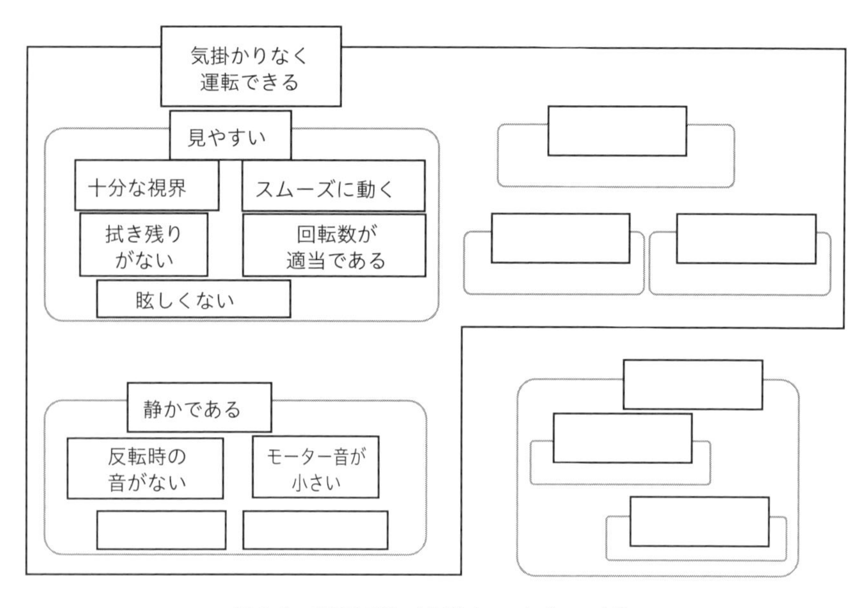

図2.5　親和図法（自動車ワイパーの例）

Column

■　不馴れであっても全員が親役を体験し、全員でワイワイとやっているうちに、思わぬ（いい意味で）発想が浮かぶことがあります。右脳を働かせるには、どこかに遊び心があってもいいのかもしれません。

(d) 要求品質表にまとめる

親和図法で**図2.5**のようにVOCがまとめられたので、これを表にしたのが要求品質表です。大きいカードから順に記入すれば、**表2.2**が出来上がります。上位から順に、1次、2次・・・と表札をつけておきましょう。製品全体を見渡せるには、1枚（または1画面）に全体が収まっていることが望ましいので、60～100個程度のVOCが入っている次数までを表示します。

表2.2　要求品質表(自動車ワイパーの例)

<table>
<tr><th>1次</th><th>2次</th><th>3次</th></tr>
<tr><td rowspan="13">1　気掛かりなく運転できる</td><td rowspan="5">1.1　見やすい</td><td>1.1.1　十分な視界である</td></tr>
<tr><td>1.1.2　スムーズに動く</td></tr>
<tr><td>1.1.3　拭き残りがない</td></tr>
<tr><td>1.1.4　回転数が適当である</td></tr>
<tr><td>1.1.5　眩しくない</td></tr>
<tr><td rowspan="4">1.2　静かである</td><td>1.2.1　反転時の音がない</td></tr>
<tr><td>1.2.2　モーター音が小さい</td></tr>
<tr><td>1.2.3</td></tr>
<tr><td>1.2.4</td></tr>
<tr><td>・
・</td><td>・
・</td></tr>
<tr><td>1.P</td><td>・
・</td></tr>
<tr><td rowspan="3">2</td><td rowspan="3">2.1</td><td>2.1.1</td></tr>
<tr><td>2.1.2</td></tr>
<tr><td>2.1.3</td></tr>
</table>

Column

■　前にも記した通り、筆者が経験した自動車ボディの要求品質では、ブレーンストーミングで900のVOCを作成し、これをKJ法で整理していったのですが、8次までの展開になりました。結局、3次レベルまでのVOCを要求品質表として表示することにしました。つまり、製品全体のイメージ（要求の強弱など）を3次レベルで判定しようとしたのです。4次以降、8次までは注目すべきVOCの具体的な要求をつかむための情報として取り扱うことにしました。

(e) 鑑賞会のすすめ（要求品質漏れ・落ちの発見）

出来上がった要求品質表を全員で確認します。これを「鑑賞会」と呼んでいます。原始情報に偏りがあったり、顧客の一部の声が漏れていた場合、VOCに欠落が出ます。これは要求がないのではなくて、原始情報に含まれていなかっただけのことです。筆者の経験では、社会的品質に関する要求（車では火災、ノーブレーキなど)、廃棄物処理に関する要求などが原始情報に含まれていないケースが結構ありました。

鑑賞会のやり方は、

①1次のVOCを縦に読み通します。並んでいるVOCを読んで水平思考的に、「これらのVOCがあるのだったら○○があってもいいのでは…」的に漏れているVOCを発見する機会をつくります。

②2次のVOCを1次レベルの中で読み通します（表2.2の例では1.1～1.pまで、以下同様)。1次のVOCに絡んで、2次の言葉から水平思考を加えます。以下、2次の表現に関して3次のVOCをチェックします。

③気がついたことがあった場合はVOCに追加します。真偽の議論は必要ありません。

(f) お客様を考える

原始情報からVOC を創作することを手順で説明してきましたが、ここで注意すべきことは、「お客様って誰？」を忘れないことです。うっかりすると買ってくれる人または使う人をお客様としてしまいますが、自社の門を出た後に影響を受ける人をすべてお客様と考えてください。いくつかの例を示します。

◇例1

P&Gでは製品を買って使う人と、製品を売ってくれるドラッグストアなどの両方の要求事項を整理しました。カスタマー（customer）とコンシューマー（consumer）の要求を分けて議論しました。ウィスパーやパンパースなどの製品では物流コストのウェイトが大きいので、同社では以降の製品に対して、customer、consumer、ビジネス（物流も含めて）の3種の品質表を作成して合体させる方式を考えました。

◇例2

エレベーター製造企業では、乗る人、ビルのオーナー、工務店、サービス会社などを顧客として、それぞれの要求を取り入れてVOCを編集しました。それぞれに主張することが異なりますが、総合的に判断してウェイト付け（手順②）をします。

◇例3

病院の検体検査器製作企業では使われ方を、搬入・保管・測定準備・測定・分析・保全などのシーンで登場する人をすべて顧客としました。実際に保管場所が地下の倉庫で、搬入時に入り口の段差が精度を狂わせるリスクはないかなどの議論がなされました。

◇例4

米国への輸出仕様の機械で使用状態以外に輸送中の振動を懸念する声があり、検討の結果、海上・鉄道・陸送で振動の仕方が変わることに気がつきました。

◇例5

ガラス製品の製作会社がきれいなグラスを企画しました。おそらくお客様は好意的に選んでくれると思ったのですが、百貨店などの売り場で最も目立つ場所に並んでいる商品が最も売れていることに気づきました。売る側はどんなことを考えて並べ方を決めているのでしょうか。

◇例6

東南アジア向け農機具を企画しました。どんな農地でどんなコメを育てているかなどは、調査しなくてもすでにわかっています。現地ではコンバインなどを買う人は庄屋さんで、小作人に貸与しています。庄屋さんは稼働率を気にするため、小作人は主目的での使用以外の使い方をしてでも、使用時間を稼ごうとします。小物入れが冷蔵庫であったら、シートがベッド代わりになったらなど、目的外の使用に関するVOCが多く見つかりました。

以上で、要求品質表作成のプロセスが終わりとなります。

2.3.2　要求品質のメリハリ付け（充足度をレベルアップすべきVOCの選定）（図2.4②）

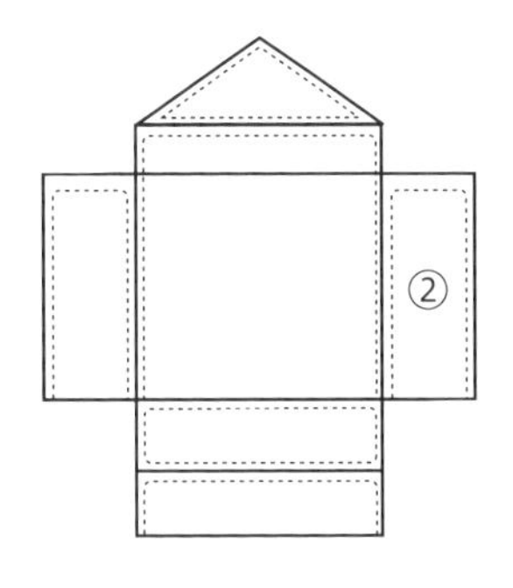

出来上がった要求品質表は考えられる要求項目をすべて網羅したものであることが求められていることは、前節の手順からおわかりいただけたと思います。すべてのVOCを満足した製品が提供されたとしたら、顧客にとってはうれしいことに違いありません。しかし本当のところは、欲を言えばというような要求や、使われ方によっては要求しないVOCも含まれている可能性があります。要求が高くはないVOCを満足させるために原価が高くなり、これが販売価格に連動すると顧客にとっては迷惑なこととなり、買おうとしません。つまり、顧客にとっては

許容できないVOCと、あったらいいなというVOC、なくてもいいよというVOCが混在しています。このステップでは2.3.1項で作成した要求品質にメリハリをつけようとしています。「できる・できない」の判断（これはつくる側の立場）ではなくて、顧客の立場で判断します。

本ステップについて、本書では簡便法（Fukuhara Method）を提案しています。専門書などではアンケート調査やAHP（Analytic Hierarchy Process）法など、スコア化による算出が推奨されています。関心がある方は専門書で確認願います。

多くの企業で、最も苦労されているのがこのスコア付けです。どうやって付けたらいいのか、アウトプットされたスコアがどうも納得できない、など悩みは尽きません。顧客にアンケートしても、原始情報から変換したVOCの重複枚数で評価しても、ヒットにつながるウェイト付けはできません。

顧客はいい意味で無責任（好き勝手を言う権利があり、まさにお客様は神様ではなくて王様と言っていい）ですから、多くの人が重要とつぶやいたVOCが重要要求事項だと決めつけるわけにもいかないのです。某社の分析では、流動品でクレームが多かった項目（競合品も含めて）が重要となった例が多くありました。これでは「悪くない製品」にしかなりません。一人の顧客の気づき項目が、大ヒットにつながる可能性もあるでしょう。

Column

■　ずいぶん以前の話ですが、台湾の顧客に人気が高い車を見ました。燃費や乗り心地といった誰もが気にする要素では、競合と差がありません。調査の結果、「ブレーキを踏んでもダッシュボードに置いた仏様の置き物が転ばない。この車はそんな細かいところにも配慮されている」との答えが来ました。マジックファスナーが貼ってあっただけのことです。しかし、従来の方法でこのようなVOCがスコアで大きな点数になることは考えられません。

筆者は、解決策としてスコアで結果を求めることをやめ、社内で市場をよく知っていると思われる人たちの感性により重要度・要レベルアップVOCの抽出をする方法を提案しました。多くの企業で、「このやり方は納得がいく」「企画者の意思も入るのでその企業らしさの主張もできる」などの好評をいただきました。既刊の専門書とやり方が大きく異なっています。

Column

■　QFDの展開を躊躇させている企業の共通要因が、このプロセスと言っても過言ではありません。国内の企業のみならず、米国のいくつかの企業でもこのやり方を提案したときに、「納得性が高い、目から鱗」という評価をいただきました。Fukuhara Method　と呼ばれるようになったのはこの頃からでした。本方法は、DFSSの手順やMITのテキストに採用され、好評を得ています。

製品企画目標のポリシーとして望ましいのは、

①顧客の関心が高い要求項目については満足を裏切らないレベルを提供する

②顧客の関心が高いとは思えない要求項目については競合並みで十分

です。繰り返しになりますが、顧客自身に関心の高さを判定していただくことはできません。仮にできる方法があったとしても、これを正確に何段階かにランク付けすることは無理なことです。

顧客にVOC一覧を見せて「関心の高い項目を感じるだけ選んでください」とアンケートすると、回答するときにはコストのことは考えないので「あった方がいい」の回答が多くなります。ないよりもあった方がいいと思うのは当たり前です。「その要求に応えるためには、値段が○○円ほど高くなりますよ」と説明すると、「だったらいらない」という会話が目に浮かびます。

回答の票数でランクを判定しようとすれば、例えば自動車では、「燃費が良い」「静かに走る」「運転しやすい」などの要求が高いランクになることは確実です。仮に高いランクにならなかった場合は、結果に対して納得できないでしょう。これらの項目は、調査するまでもなく重要であることはわかっています。これらの項目をないがしろにすると、顧客にそっぽを向かれることは明らかです。それらの項目で裏切りがない上で、その他のVOCで無視すべきではない項目を見つけ出す必要があるのです。

以下に、筆者が推奨している顧客要求の重要度を判定する手順を示します。

⑴顧客の関心の強さ判定

①社内で市場をよく知っていると思われる（営業・サービス・品質保証など）できるだけたくさんの人に参加していただきます。技術部門の方、企画の方も一人はメンバーに入れておきましょう。声の大きい人、役職者などを意識せずに人選します。某社では営業・販売・サービスの人たち100人を基準に回答者を選びました。

②作成した要求品質表のVOC（表2.2の例では3次のVOC）をシャッフルして（1次、2次の先入観を消すため）VOC一覧表を作成します。社会的な品質要求項目（リコール対象項目、法規項目など）は除外します。商品の前提条件なので、関心度調査の対象ではありません。

③判定する人たちに②の一覧表を渡して、「要求品質を一覧表のように整理しました。どれも重要な事柄ですが、この中から、あなたの直感で（他人に相談せず）、顧客の関心が高いと思われるVOCを7個（最大でVOCの10%を目安）選んで○をつけてください」と依頼します。

④回答を集計して関心の高さを決定します。

・多くの人が○をつけたVOCベスト5をAランク：関心が高いと思われる
・誰も○をつけなかったVOCをCランク：関心が高いとは思えない
・誰か一人でも○をつけたVOCをBランク：関心が高いかもしれないし、高くはないかもしれない

一般的に、「A、B、Cを判定してください」とお願いすると、どうしてもAが多くなります。ここでは、VOCの中からAだけを、しかも数を絞って判定していただくようにしています。これだと市場をよく知っていると思われる人たちにも、プレッシャーを感じずに選ぶことができるでしょう。もしも、Cランクと判定したVOCの中に重要な項目がある（つまり判断ミス）とすれば、社内で市場をよく知っている人たちが誰も気づかなかったということですから、これは会社の実力およびセンスと諦めなければ仕方がないのでしょう。

多くの人に判定してもらっているのですから、重要となるべきVOCは誰かが感じていてほしいものです。したがって、AかBの中に含まれているはずです。Aには常識的に重要なVOCが多くなる傾向があるため、BランクのVOCに注目すべきものが含まれている可能性があるのです。BランクVOCの取り扱いに注目したいのです。つまり、A、B、Cはランク順ではありません。VOCをAとCに分けようとしたものです。BはAかもしれないし、Cかもしれ

ないVOCという意味です。

統計的な検定の際に、「有意差ありは積極的に結論できるが、有意差なしは差があるとは言い切れない」と表現する考え方と似ていると思ってください。BをAと判定するか、Cと判定するかはプロジェクトリーダーの専管事項です。ここに、その企業らしさを主張した製品の誕生が期待できるのです。自信が持てないようでしたら、その項目に絞ったピンポイントマーケティングを検討しましょう。

⑵ 新技術の取り扱い

技術部門では、技術開発が完了した新技術を次の新製品で採用したいと思っています。新技術はセールスポイントになる可能性があるからです。ところで、その技術は顧客要求のどんなことに関連しているのでしょうか。関心度AやBならばなるほどと言えるのですが、関心度CのVOCに関連する技術であれば、それは顧客にとってはありがたいとは思えないものでしかありません。つまり、採用することは単に技術者の自己満足でしかないわけです。ムリに採用して、新たなトラブルの種をつくることはありません。

①採用したいと思っている新技術を列挙します。

②個々の技術内容について、要求品質表の関連するVOCに○をつけます。

Column

■　⑴の顧客関心度を判定する際に、技術部門の人を1人以上参加させました。彼らは関連するVOCに○をつける可能性が高いので判定はB以上になると予想されます。つまり、新技術に関連するVOCは関心度ランクAかBになり、後々に有効度を検討する対象のVOCとして残ることになります。技術部門が不参加で当該VOCがCとランクされると、まさに不戦敗の形になるため寂しい限りです。

⑶ 流動製品の苦情項目チェック

現在流動している同じ用途の製品に対するクレーム・苦情・要望などの情報をチェックします。言うまでもなく、これらは現製品に対する不平・不満情報です。ここにも顧客の関心を図る要素が存在します。

①過去の市場情報から販売抵抗が著しく高い苦情情報を数項目選定します。

②当該不具合はどのVOCの満足度を阻害しているのかをチェックし○をつけます。

一般的に言うと、多くの会社ではたくさん発生した問題や失敗コストの高い不具合が、重要問題に指定される傾向があります。これらは企業側の都合で選んだ問題で、個別に再発防止すべきものです。ここではVOCに対する満足度を話題としているため、項目の選定に注意してください。

某社では現在流動している製品の市場問題重要度判定について、

ⅰ）問題の現象重要度（S致命欠陥、A重要欠陥、B一般不具合、C軽微なトラブルの4段階）

ⅱ）発生頻度（件数と1件当たりの失敗コストでⅠ～Ⅴの5段階）

ⅲ）修理時間（MTTR）（Ⅰ～Ⅲの3段階）

ⅳ）改善の難易予測（Ⅰ～Ⅲの3段階）

ⅴ）販売抵抗程度（Ⅰ～Ⅲの3段階）

に点数をつけて、総合点で問題の重要度を判定しています。ここで採択された問題が、要再発防止問題として登録されています（これらの項目の取り扱いについては後述します）。ここでは、この評価項目のⅴ）のみを注目していま

Column

■　クレームや苦情の情報は個別の問題で指摘されます。しかし、VOCはすべて顧客の要求品質に変換されています。個別の不具合を対策しても、当該するVOCの満足度を上げることになるとは限りません。個別不具合は、どのVOCの充足度を阻害したのかをチェックすることが、この手順の狙いです。自動車の例で示すと、「バックドアが自然に閉まってくる（ドアのダンパーが不良でフリーストップしない）」という苦情が来たとします。個別の再発防止はされるとしても、ここでは、「荷物の積み下ろしがしやすい」や「荷室の使い勝手が良い」といったVOCの充足度を阻害していると読み取ります。これによって、開発する製品に対して荷室作業性の見直しにつながります。ドアの不具合はそのうちの一部でしかないかもしれません。

す。個別問題は具体的な不良を明確にしていますが、このステップでの目的はVOCの充足具合なのです。

⑷ 競合製品との充足度比較

定性的な評価でしかありませんが、可能ならば競合製品も含めて現製品の満足充足度を判定します。競合との比較ではなくて、それぞれを独立に評価することが大切です（競合との比較にすると、その瞬間に顧客不在になってしまいます。市場での競合製品比較は競争ではなくて競走です。各社がベストを尽くして顧客の満足に近づけたかを競っています）。

①社内で評価者を数人選考してください。この方々は顧客の代わりですから、技術的な理由付けなどをしたがる人は不適です。単純に満足・不満足（理由は不要）を評価してくれる人が望ましいのです。

②VOC個々について満足・どちらとも言えない・不満足を5段階で評価していただきます（競合製品についても）。

判定結果を集約して自社・競合製品の充足度をプロットします。

Column

■　実のところ、この評価は結構難しいのが現実です。ただ、あまり深刻にならず、良い意味で適当に評価してもらってください。耐久性など比較のしようがない項目は省略してください。某社では、社内で身長の高い／低い人、体形の太い／細い人などを考慮して評価してくれる人を選考しています。顧客の満足度には技術的な理由付けは邪魔でしかありません。

⑸ 総合判定

⑴から⑷の結果を総合して要レベルアップのVOCを明確にします。重ねての忠告ですが、ここでの検討の主役は顧客ですから、「できる・できない」の議論は不要です。**図2.6**に例を示します。各評価項目を総合して現製品に対して、「充足度を上げるべきVOC」「できたら上げたいVOC」「現状レベルで可」「多少レベルダウンしても可」の判定をします。図2.6では最右欄に［↑、↗、

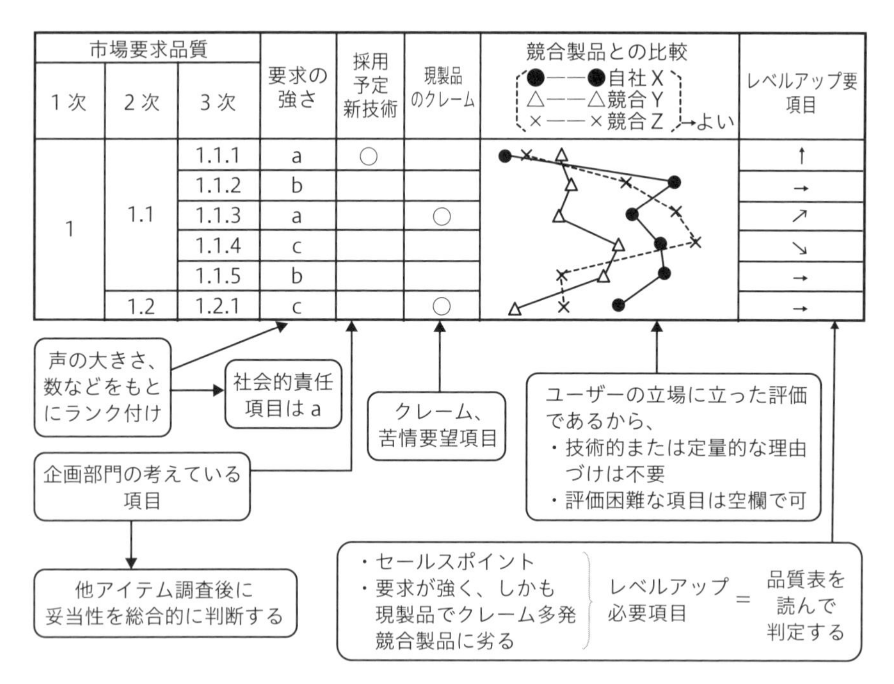

図2.6　充足度レベルアップ要否の判定

→、↘］で表示しています。**表2.3**がレベル判定の目安です。

図2.6で判定の例を示します。

1.1.1のVOCは顧客の関心度がaです。現状では競合よりも劣っている上に、競合も顧客に対して十分な感動を与えてはいません。今回、私たちは新技術を予定しています。これは絶好のチャンスです。満足度を上げて競合と差をつけるレベルが実現できたら、セールスポイントとして売り込むことまでできそうです（レベルアップ↑）。

1.1.2のVOCは顧客の関心度がbです。現状でも満足度はまずまずで対競合でも優位に立っています。とりあえずは現状並みでもOKでしょう（レベルアップ→）。

1.1.3のVOCは顧客の関心度はaです。現状でも満足充足度はまずまずで、対競合でも優位にありますが、クレームを受けています。個別再発防止のほかに充足度で不足部分を見直す必要がありそうです（レベルアップ↗）。

1.1.4のVOCは顧客関心度cです。現状でもまずまずの満足度をいただいて

表2.3　市場で優位を確保するためのありたいレベルの目安

顧客の関心	ありたいレベル	
「高い」と思われる (A)	・がっかりさせない ・競合以上	[セールスポイントにしたいと考えているVOCは] ・競合と差別化
「高い」かも 「高くはない」かも (B)	・競合以上	
「高くはない」 (C)	・競合と同等で十分	

おり、対競合でも優位に立っています。もしも競合のレベルにすればダントツのコストダウンが実現するのであれば、それも可でしょう（レベルアップ↘）。

繰り返しますが、実現させるかどうかの議論はしていません。市場で受け入れられるための全体としてありたいバランスをイメージしています。VOC全体にマークをつけたら企画担当者で確認してください。特にbのVOCの取り扱い（aに近いbか、cに近いbかの判断）に、企画者の意思を生かしてください。これが製品の特長、企業の主張をアピールすることにもなるでしょう。

あまり理屈をこねずに判断することが肝要です。あくまでも顧客にとって、「こんなバランスの製品があったらうれしいね」の視点で眺めています。とかく技術者は実現の方法を考えてしまいます。顧客にとっては、技術的にできるとかできないとかは関係のないことなのです。

過剰なレベルを考えないでください。多くのVOCにレベルアップを期待し過ぎると、技術的かつ原価的に無理をもたらします。現製品でもほぼ顧客満足を確保しているはずですから、レベルアップすべきVOCがそれほど多くなることはないはずです。

残念ながら現製品が大不評な場合は、良い品質を語る余裕はありません。悪くない製品をつくること（つまり不具合対策）に全力を傾けてください。QFDは良い製品づくりを考えているので、現製品で悪くない製品ができていることが前提とも言えましょう。とかく善意を働かせたふりをして何でもレベルアップとすると、真に重要なものと、欲を言えば重視したいものが混在する恐れが出てきます。

2.3.3　品質特性への展開（図2.4③）

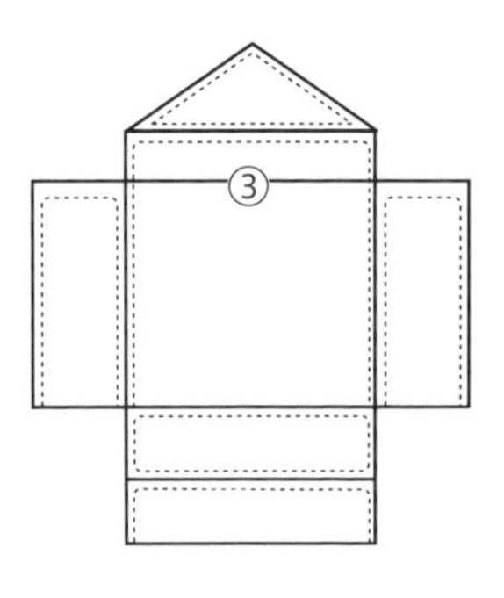

VOCの整理ができると、これを製品の状態に置き換えます。VOCは顧客の声ですから、そのままでは何をどんなレベルにしたらよいかがわかりません。これを設計者がわかる表現にして、必要なレベル（目標）に置き換える必要があります。製品の状態を表現する用語を品質特性と言います。このステップでは、VOCに関連する品質特性をすべて摘出しようとしています。

①技術部門のベテランクラスを数人でチームを編成します。

②VOC一つずつについて関連する品質特性を議論して明確にします。同時に寄与度（影響）が強いものには◎、まずまず影響するものには○、関連はするが影響は少ないものに×を付しておきます（技術の方々の感覚で結構です）。

図2.7は、一つひとつに対して技術部門のメンバーが検討した結果を、特性要因図風に整理した例を示しています（表2.2の自動車ワイパーの例）。

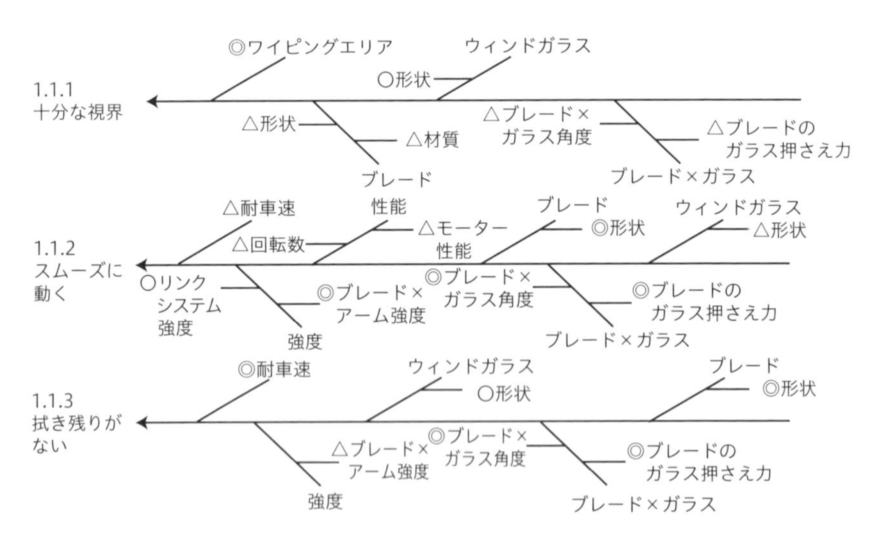

図2.7　要求品質の技術特性への変換

本来の品質特性とは（完成した）製品の状態を表現するもので、強度・耐久性・操作性などを意味しています。このような言葉で整理することが望ましいのですが、現在すでに同様の目的で使用されている製品を生産しているケースで新製品も同様の構造・システムで考えている場合はスキップして、サブシステムの特性で考えた方がわかりやすいこともあります。

図2.7はサブシステム、つまりワイパーの場合は、［モーター、リンク、アーム、ブレード］などサブシステムレベルで示したものです。もしもまったく新しいワイパーシステムを計画されている場合でしたら、サブシステムの概念がまだないためオーソドックスな品質特性で考えることが必要です。

参考：品質特性の例（文献「品質展開法」を参考にさせていただきました）

物理的要素：外観特性（大きさ、長さ、重さ、厚さ）、力学特性（速度、牽引力、強度、脆性）、物性（通気性、保温性、耐熱性、伸縮性）、光学特性（透明度、遮光性、夜光性）

時間的要素：耐環境性（耐寒性、耐湿性、対塵性）、時間（持続物性、速効性）

表2.2と 図2.7で整理した特性をマトリックスの形に整理して**図2.8**が完成します。

かつて作成手順として、まずは品質特性を考えられるだけ抽出して、その後

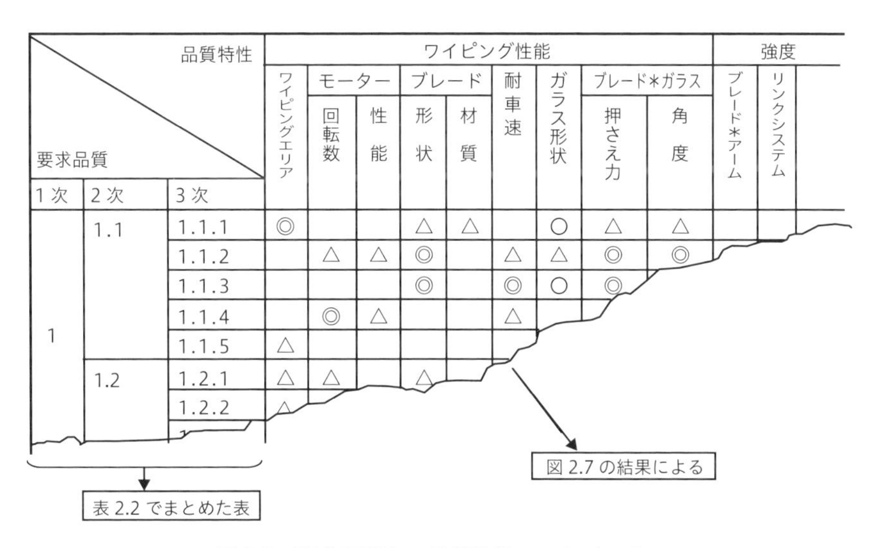

図2.8　要求品質との品質特性のマトリックス

にVOCとの関連性を◎・○・△で整理した例（品質特性の列挙→関連性の判定の手順）がありました。その結果、マトリックスが真っ黒になりました。マトリックス作成時には関連するかどうかだけを考え、ゼロではないと思われるものすべてにマークをつけた結果です。また、品質特性の抽出に漏れがあると、そのまま気がつかないことになります。品質特性はVOCごとに考えることが重要です。図2.8はマトリックスで考えたものではなくて、全体を見やすく整理したものなのです。一つの品質特性が、さまざまなVOCに関連していることがこのマトリックスでわかります。

2.3.4　競合製品との技術比較（図2.4④）

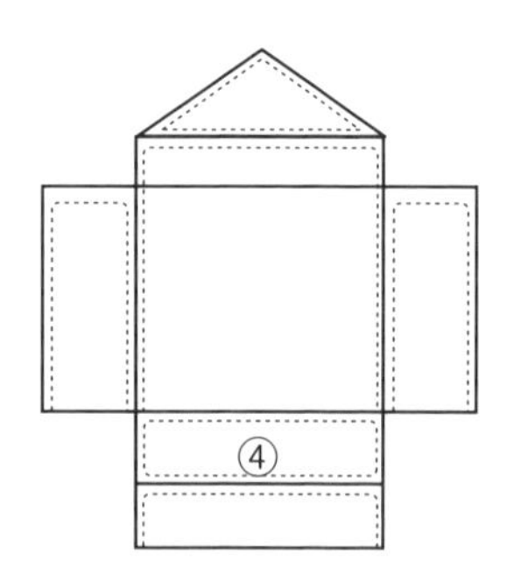

新製品開発に当たって顧客満足を確保するためには、他社の技術力を知った上で達成の目標を設定することが効果的です。最も新しい競合製品をできる限り詳細に調査・評価しておきたいものです。2.3.3項で整理した多くの項目は数量化・評価が可能です。官能特性については社内の専門評価者が判定しましょう。

評価結果を5段階程度にランクをつけて、自社の現製品や競合製品それぞれをプロットします。評価不能項目は空欄で結構です。

図2.8はサブシステムレベルの特性で示しました。サブシステムレベルでは競合との技術比較という概念が成り立ちませんので、このステップはスキップします。

Column

■　どんな業種でも、競合が新製品を発表すると真っ先に購入して、多面的な評価・解析をされているのではないでしょうか。ある自動車メーカーでの雑談で、試作工場の構内を社有車として走っている車は競合の製品が多いと伺ったことがあります。走行テスト、試験機での評価、部品ばらし評価などを経て、元の車両に復元したものを社有車として使っているとのことでした。これらの評価結果を、関係者がいつのときでも確認できるよう整理しておくことが大切です。

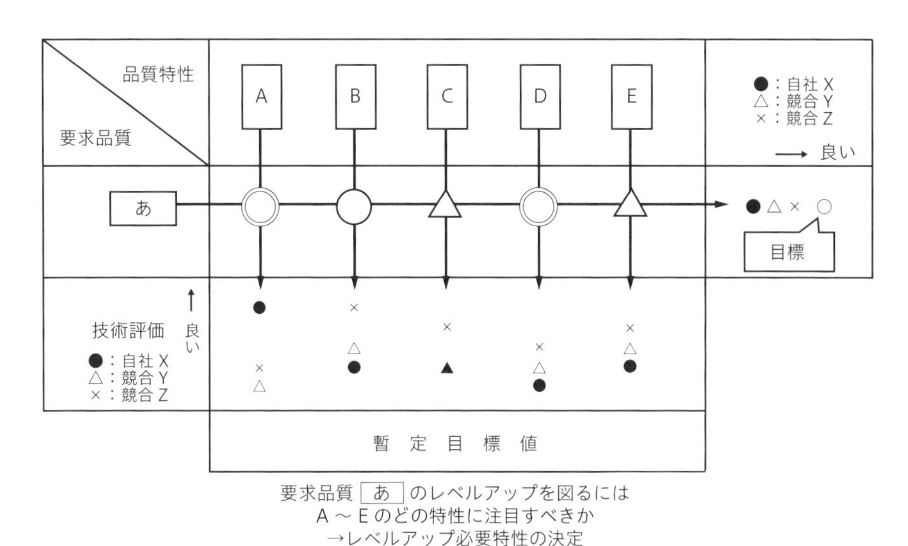

図2.9　暫定目標の設定

2.3.5　暫定目標の設定（図2.4⑤）

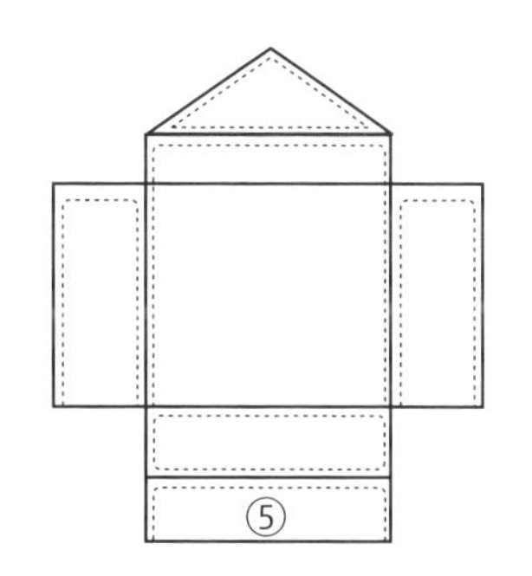

2.3.1項から2.3.4項までで状況がつかめたので、これらを眺めながら新製品の暫定目標を設定します。

図2.9の模型に従って説明します。

①VOC㋐は顧客関心度Aランクであり、現状は充足度不十分で、かつ対競合比劣位です。これでは困るので、何としてもダントツのレベルアップが求められます。

②VOC㋐に関連する品質特性はA～Eで関連の強さ・現状のレベルは、

A：◎現状でも高いレベルで対競合でも優位

B：○対競合やや劣位レベル

C：△やや低位レベルで競合Yと同レベルで競合Xより低位

D：◎競合も含めて充足度低位

E：△やや低位レベル

VOC充足度を上げるためには、どの特性のレベルアップを図るといいでしょうか。しっかりと読んで、注目すべき特性を選んでみてください。この段階では、技術的にできるとかできないとかの議論は不要です。

③関連の強さからみるとAとDが◎ですが、Aは現状でも優位にあります。ということは、㈠の不満足の原因がAであるとは考えられません。とすれば、まずはDのレベルアップは必須です。感覚的にはDをダントツのレベルアップが実現すればB、C、Eは現状レベルでも、VOC㈠を十分に満足できるかもしれません。念のために、Bを要注意としておいてもいいでしょう。達成方法を考えて議論しているわけではありません。単純にマトリックスを読んで、着目すべき特性を選んでいるのです。したがって、技術的にはよくわからない人が読んでもほぼ同じ回答を得ることができます。

着目した特性の期待レベルを図2.9の技術評価欄にプロットしてみましょう。これを暫定目標レベルとします。

Column

■　関係するすべての特性に手を打とうとするのは、かなり無理なことです。私たちの目的は安定的に良い結果を得ることです。「変えなければならない項目」と「変えなくてもいい項目」を分けることが大切です。

2.3.6　背反の確認（図2.4⑥）

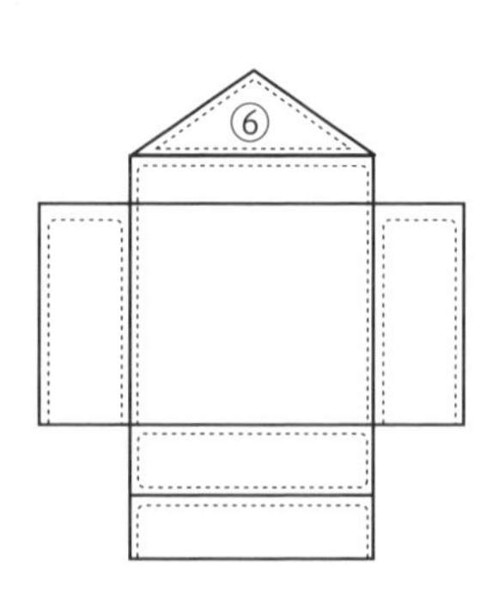

仮の目標項目でレベルアップを図るべきと判断した特性は、技術的に「何かを変更する」と意思表示したことになります。言うまでもないことですが、品質確保で最も安全なことは「変えない」ことです。過去の実績がわかっているので安心です。しかし、顧客満足を確保するためには積極的に変えなければならない項目があります。技術的に何かを変えると、所期の良い結果をもたらすのは結構なことなのですが、対策の内容に

よっては変わってほしくない特性に影響することもあります。これを背反特性と呼んでいます。企画の段階で無視できない背反特性をチェックしておくことは、適正な目標設定に欠かせません。ここで、その心配事をチェックします。

図2.9で特性Dのレベルアップを抽出しました。特性Dに技術的に何らかの変更を加えたときに、ほかの特性に影響を与えないかをここでチェックしています。対策内容がまだ不明の段階なので、単純にDを変えると影響しそうな特性をチェックしてください。○は正の関係（シナジー効果）、×は負の関係（背反）を示しています。

Column

■　図2.4⑥（屋根）はトヨタ車体が作成した品質表で紹介されました。前モデル開発時に背反特性に気づくのが遅かった（思わぬ不具合が発生）との反省があり、早い段階で検討する必要を感じたことから工夫されたものです。今ではこの形が、品質表の標準形として広く用いられています。しかし、すべての特性間の関連をあらかじめ⑥に記入されているケースを多く見受けます。その結果、屋根のマトリックスが真っ黒になって実用に供しないという悩みを聞きます。技術的な変更を加える特性について、影響に気がつくための屋根、つまりチェックのためのマトリックスであることを知っておいてください。

2.3.7　目標の設定（図2.4⑦）

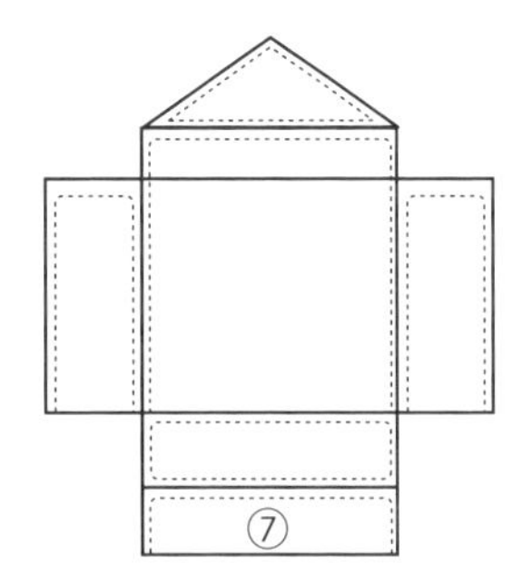

図2.10で背反の読み方を示します。Dが変化すると、P特性が背反します。もし、P特性が顧客関心度の高いVOCに関連していた場合、当該のVOCの充足度を下げてしまい顧客にとっては迷惑な結果となります。

- P特性のレベルダウンを予防できる方法でのD対策を講じる
- Dの目標を競合レベル程度に設定し（これをムリとは言わないでほしい。競合ではできているのだから）、B、C、Eのい

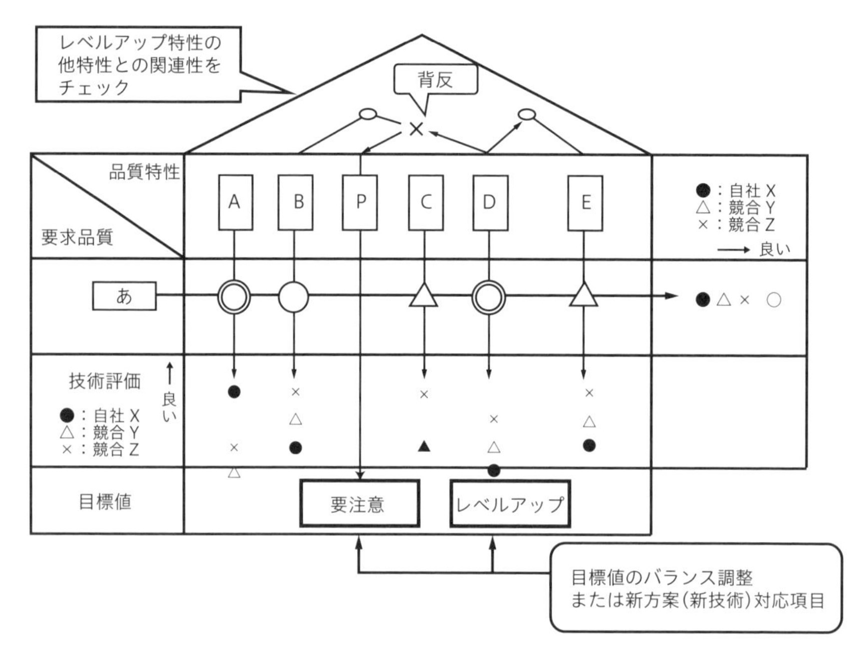

図2.10　バランスチェック（背反特性レベルダウンの防止）

ずれかで補足を検討する

以上のように、マトリックスをしっかりと読んで、企画者はバランスの取れた目標設定に心がけてください。

専門書にあるように、スコアをつけて判定するケースで目標のバランス取りができたら効率的なのですが、現実的にはかなり困難が生じます。筆者は、マトリックスを作成したらすべてが自動的に明確になるとは考えずに、マトリックスは企画者・技術者が最も好ましいバランスの取れた目標を議論・検討するための道具であると考えています。

図2.4⑥の屋根は企画段階、つまり全体企画のステップで使います。もし詳細設計段階で技術検討する場合の背反チェックなどでは、対象が絞れているので個別に（こだわって）実行してください。DRBFMなどが有効です。

2.3.8　品質表のまとめ

2.3.1項から2.3.7項が整理できると、図2.2の模型が完成します。これが要求品質展開表（簡略化して品質表）です。**図2.11**に品質表の例を示します。品質表で関係者が、顧客要求品質・実現のための技術課題などの認識が共有できます。図2.11の例では、技術的にハードルが高い品質特性を重点項目として、最下段に明示しています。

これまでの手順を見ると、品質表の作成には多大の手間と時間を要すると感じられるでしょう。大きなシステムの製品では確かに多大な労力を要します。しかし、1回作成すると同じ使用目的の次期製品にも適用できます。要求品質が大きく変わることはほとんどありません。変化するのは関心の部分（2.3.2項）なのです。変化する部分を、最新の状態でメンテナンスしていけばよいのです。VOCの要追加項目はないか、2.3.2項の状況はどうかを日頃確認して、最新の状況を保っていけば2.3.3項以降の議論が可能です。

Column

■　図2.11は、1973年にトヨタ車体の製品企画部長が品質管理大会で紹介したものです。いろいろ工夫した上で2元表に図2.4の②の壁、③・⑤の床、⑥の屋根などを追加しました。発表時に座長をされていた先生が、「品質の家」とニックネームをつけてくださいました。以降、この形が品質表の標準形として、広く活用されるまでに成長しました。米国でも、House of Quality（H of Q）と呼んでいる企業をいくつか見かけました。P&Gが社内報で特集した記事のタイトルは“Welcome to the HOUSE OF QUALITY”でした。

2.3.9　重点項目の明示（品質特性重点項目の検討）

図2.10で顧客要求と品質特性の関連、および挑戦すべき特性の抽出について検討しました。次期新製品で良い品質を実現するために注目すべき特性としては、

ⅰ）従来よりもダントツに目標レベルが高い（目標達成の方案がまだ見えていない）

ⅱ）新技術の採用を考えている（思わぬトラブルの発生予防）

ⅲ）現製品で実際に苦情をたくさん受けており個別再発防止が必要（悪くな

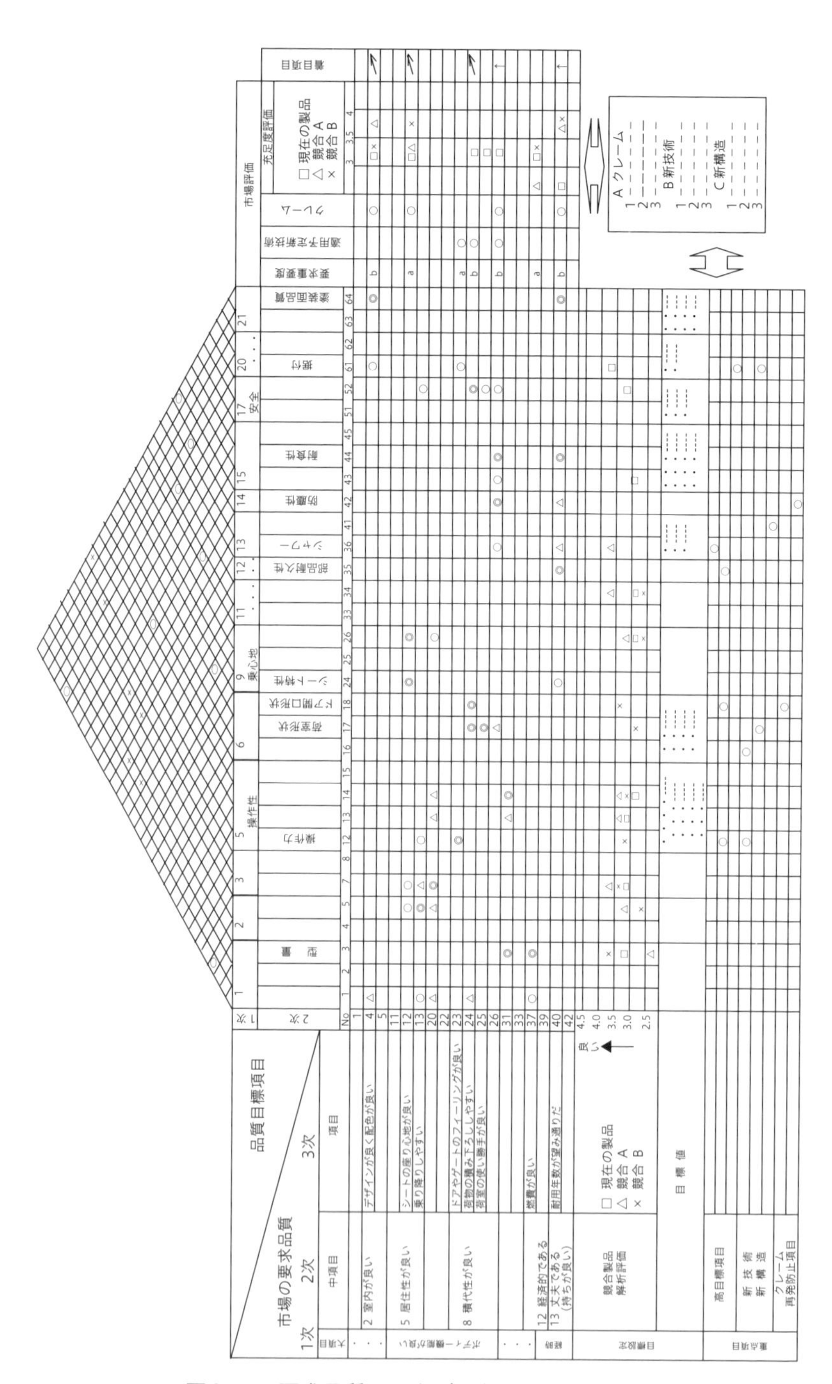

図2.11　要求品質展開表（品質表：トヨタ車体の例）

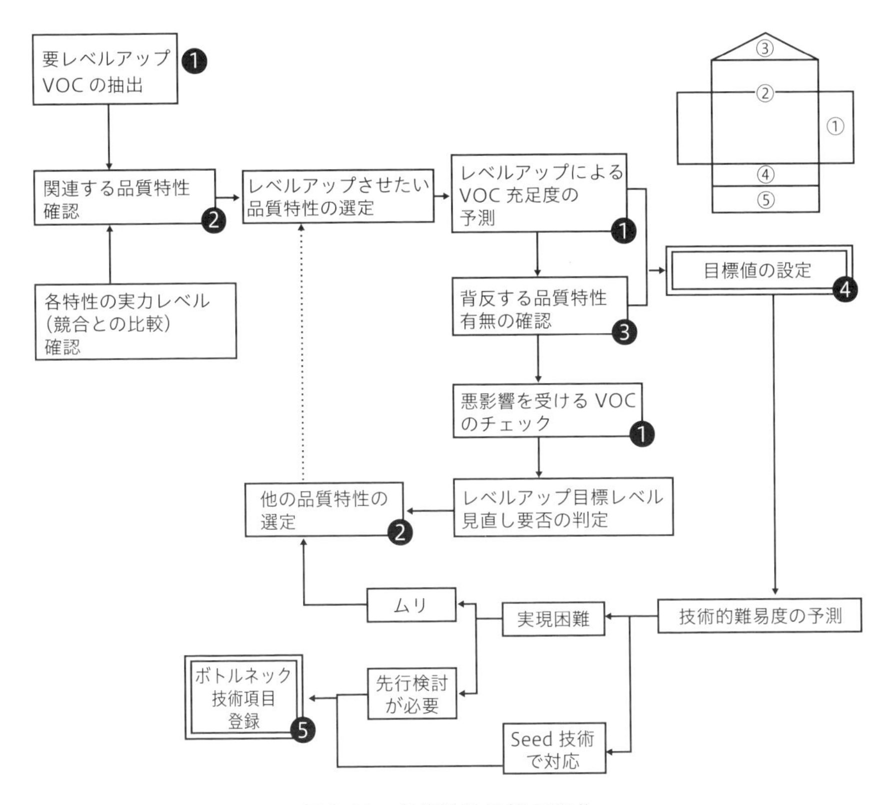

図2.12　品質特性目標の配分

い製品の確保)
が挙げられます。ⅱ)、ⅲ)については次節で説明します。ここではⅰ)の項目を中心に、検討の手順を例示することにします。

図2.12は抽出したネック技術の目標達成について、その難易を検討した某社の例です。言うまでもなく技術開発の段階で解決していることが理想ですが、企画段階でまだ実現の手段が見えていない場合、これらの検討は企画DRまでに済ませておくことが重要です。技術的に実現可能かどうかの判断ができない段階で、生産設計への移行を決断するわけにはいきません。「やってみなければわからない」では目標の組み直し、設計のやり直しなどのムダが生じかねません。

図2.12の検討手順を以下に示します。図2.10と合わせて確認してください

（番号は図2.12で示した品質表の位置を示しています）。

i）品質表を読んでレベルアップが必要なVOCを抽出する（①）

ii）当該VOCに関わりのある品質特性を確認する（②）

iii）VOC 充足度を上げるために着目すべき品質特性を選定する
（品質表を読んで判定します。技術的に可能かどうかの議論はしていません）

iv）もしもiiiで選んだ品質特性が目標通り達成できたと仮定すると、VOCの充足度は期待通りに到達できそうかを（定性的でよい）判定する（①）

v）iii）で着目した品質特性を技術的に変更（改善、対策）した場合に、背反する品質特性はないかをチェックする（③）

vi）v）の背反で影響を受けるVOCを確認し、充足度が低下しても構わないかを予測する（①）
まだ技術内容が確定していないので、対策内容によっては大きな影響を受ける可能性があるかを技術屋の定性的な判断で行います。

vii）他の品質特性でレベルアップすべき項目はないかを確認する（②）
viで危険を感じた場合は、レベルアップ目標を大幅に上げるわけにはいきません。その場合は他の品質特性との組合せで考える必要があります（品質表で関連する品質特性が見えているので議論しやすくなります）。

i）からvii）までの議論を納得できるまで繰り返します。

viii）最終的に品質特性の目標値を設定する（④）

ix）目標値の達成に向けた技術的な方案を検討し、技術的難易度を検討する
iii）では定性的に検討しましたが、ここでは具体的な対策案を考えています。製品企画前に技術的に可能かどうかの目安を検討することによって、設計以降のムリを避けることが大切です。

x）ix）で技術的に無理と判定した場合は再度バランスを見直す（②）
バランスを見直しても無理と判断した場合は、①に対して白旗を上げねばなりません。

xi）重点項目として登録する（⑤）
品質表を互いにしっかりと読んで、技術屋のディスカッションを繰り返すことが重要です。品質表を整理したら自動的にネックが見えるのではなく、納得できるまで読み合い、議論して決めることが重要です。現在

流動中の製品でも市場で歓迎されている企業にとって、①でレベルアップを要するVOCは現実的には多くはないはずで、抽出したVOCにはとことんこだわってください。

これらの項目は試作までの段階でOKを確保しておかないと、後ステップへの影響が大きくなります。対象項目を企画段階でボトルネック技術（BNE）として、関係者の認識を一致させておくことが大切です。図2.11の品質表では最下段に対象の項目を明示しています。

Column

■　再び西堀語録ですが、技術者は問題の解決について、「これしかない」は禁句だとおっしゃいました。この言葉は、自分の技術力はこれが限界と言っているのと同じというわけです。結果を安定的に実現させる（頑健性）のが技術であり、そのための方法は忍術でもいいということです。「これがダメなら、あれもあるさ」と、多角的に考えることの重要さを教えられたものと理解しています。図2.10は、VOC（あ）を満足させる着眼点は特性AからEまであり、着眼の自由度はいろいろと存在することを示しています。目標達成、他への背反（飛び火）の予防などを技術者間でしっかり検討することが重要です。

2.4 要求品質展開いろいろ

ここまで標準型の要求品質展開手順を示してきました。しかし、製品によってはこの手順の一部を変更した方が納得性を高めたり、作成の手間が省けたりすることがあります。それぞれの製品に合うように工夫されることが必要です。

品質表作成はかなりの労力が必要です。企画の忙しい時期に、莫大な時間を費やすことはあまり感心できません。製品のモデルライフを考えたら、ここで、多少の時間は惜しまずじっくり取り組むべきとの意見もありますが、工夫によって効率的にできる方法があるのであれば、そちらの方が望ましいことは明白です。完璧な品質表をつくるのが仕事ではなくて、要求品質のメリハリ、着目すべき品質特性を絞り込むことが目的です。

同系統の製品であれば、いったんしっかりとした品質表を整備しておくと、その後の変化を観察してメンテナンスしていけばよく、ここでは最初に取り組む品質表作成のアラカルトについて紹介します。いずれもある企業で展開された実施例です。参考にして、自社の製品で納得感がある整理の仕方を工夫してください。

2.4.1 大規模な製品の例（自動車など）

車両全体の要求品質を1枚のシートで展開すると品質表が膨大なものになります。あるいはVOCを50～100個程度でまとめようとすると、VOCの表現が大きくなり過ぎて当たり前の言葉（燃費が良い、乗り心地が良い、スタイルが良いなど）が並び、結局、関心の大小区別ができなくなります。前に示したトヨタ車体の例では、自動車ボディのみの展開ですが、作成したVOCは900個余り、品質表には3次レベルで50個ほどに親和（KJ）されています。このレベルで、かなり強引とも思える選択でメリハリ付けをしました。3次レベルで着目すべきVOCを抽出したら、選ばれたVOCの4次以降（詳細品質表）を眺めて重点を絞り込む、つまり、2段階品質表で運用しています。

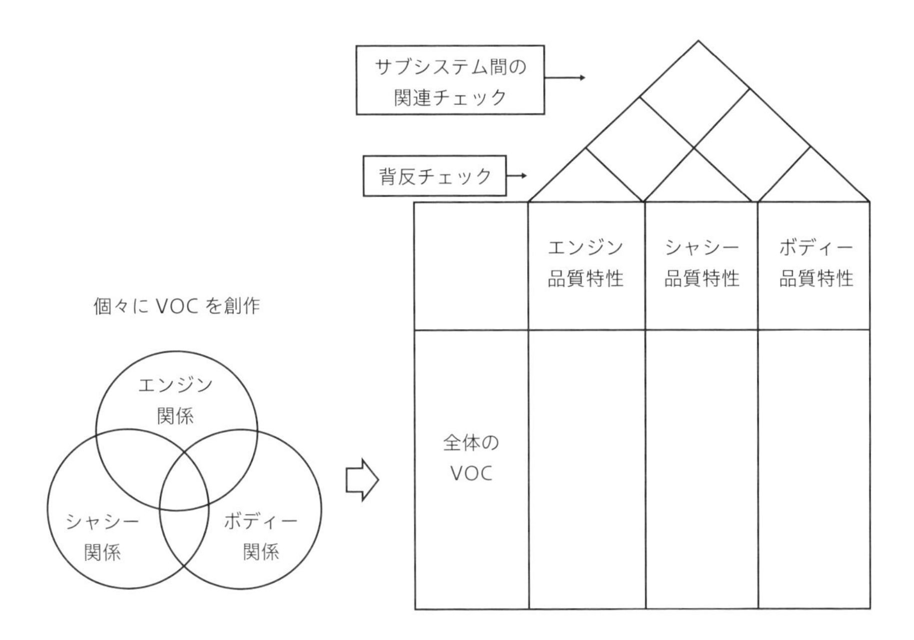

図2.13　コンドミニアムタイプ品質表

いくつかの企業で工夫された大規模製品への品質表適用例を紹介します。それぞれの企業で、自社製品の特長に合わせて工夫してください。

例1：コンドミニアム型品質表

某自動車メーカーの例です。車両全体で考えると膨大になるので、エンジン、シャシー、ボディーに分けて3種の品質表を作成し、これを合体しました。すべてに関連するVOCには3つの品質表をコンドミニアムの形で並べて、相互の関連を屋根で確認します。**図2.13**に様式概念を示しました。

設計の各グループは自部署が担当する部分の品質表を活用しますが、その前に屋根で見つけた他のサブシステムと関連する部分について、連携して解決法案を定めておきます。部門間連携がしっかりとできていると、品質表の活用がいろいろ工夫できるのです。

最近はコンドミニアムスタイルの応用で、製品全体を電気系・機械系・ソフト系に品質特性（ソフトは役割）を分割して検討するなどに用いられているケースが散見されます。詳細は省略します。

例2：マスター品質表の活用

この例も某自動車メーカーで工夫された例です。大規模な製品では全体を1枚の品質表で整理すると、VOCの抽象度が大きくなるので、誰が見ても重要と思われるVOC ばかりが目立ってきてしまいます。しかし、実際にはほんのちょっとした思いやりを配慮した製品が、案外顧客の心をくすぐることも多々あることです。大規模な品質表では、関心度がBやCにランクされるようなVOCにそれらが含まれていると気づきません（小規模製品の場合は具体的な要求言葉のVOCが品質表に記されており気づきのチャンスが高い）。

こうしたVOCの見逃しを防ぐために工夫されたのがマスター品質表です。重要なVOCはこだわって全部門協力の体制を取るので、ここで対象になるのは関心度ランクB、CのVOCへの配慮です。**図2.14**で活用法を説明します。

①サブシステムレベル（図2.14では居住性を例に示しています）単位での要求品質表を整理する（マスター品質表）

②①の品質表に関心度のランクを（独自に）設定する（サブシステム内でA・B・Cランクをつけます）

③ランクA、Bについて与えられた原価配分内でレベルアップできないかを検討する

④サブシステムを形成するミニシステムレベル（居住性の例では、ワイパー、小物入れ、シート、サンバイザーなど）に分割して③の検討をする

マスター品質表を最新にメンテナンスしておけば、ミニシステムレベルに正しく伝達できます。原価配分内で品質レベルを上げることができれば、顧客にとってはありがたいことですし、ほんのちょっとした思いやりが顧客に強くアッピールすることもあり得るのです。

2.4.2　部品メーカーの場合（製品納入先がセットメーカー）

部品メーカーなど納入先がアッセンブリーメーカーであるケースでは、納入先からスペックが提示されるのが一般的です。少なくともこのスペックをクリアしなければなりません。しかし、与えられたスペックをクリアした製品は、合格品ではあるのですが良い品であるかは不明です。合格品の提供を主体に取り組んだ場合は、納入コストが安い方が競争に勝つことになります。納入先に「ひと味違う」を提供できたときに、「やはりあそこのメーカーは外せない」と

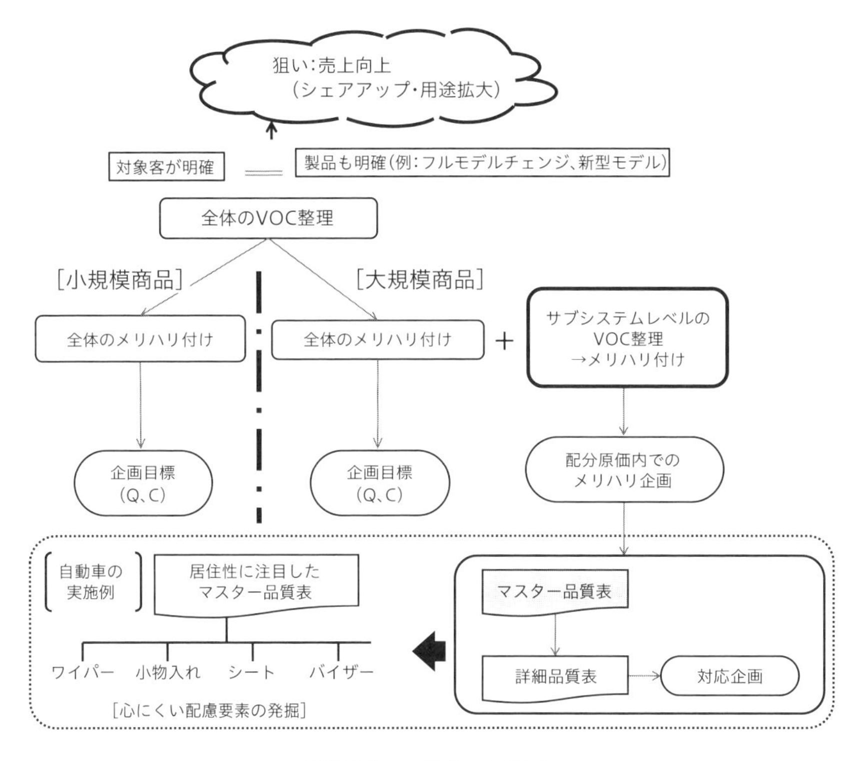

図2.14　マスター品質表

感じていただけるのです。当該部品についてはセットメーカーよりも自分たちが専門ですから、「ひと味違う」を提案できることが望まれるのです。

提示されたスペックは最低必要条件を提示されたと考えてください。他に配慮すべき事項はないかを検討して、逆に客先に提案するのです。**図2.15**に展開パターンを例示しました。

①客先から示されたスペックは市場のどんな使われ方を保証しようとしているのかを想定してVOC表現に置き換え
②部品専門メーカーの立場から他に充たしておくべき要素がないかを検討してVOCを作成・追加
③必要に応じて客先に提案
④①と②を合体した品質表を作成

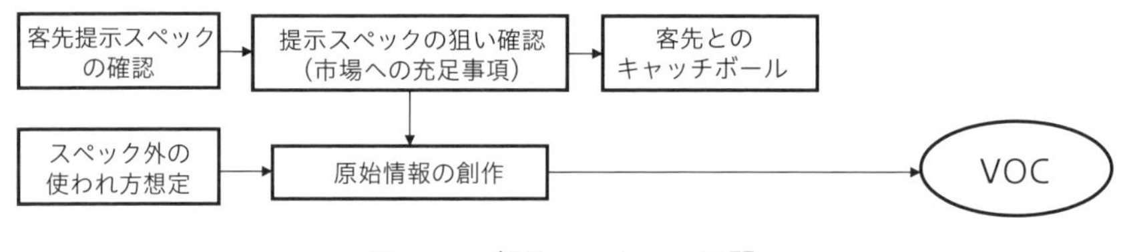

図2.15　部品メーカーの展開

Column

■　最近では、発注元のセットメーカーは基本条件（サイズなど）のみを提示し、「良いものを納入してくれ」と指示するケースが増えています。部品メーカーの実力を感じ、自主性を重視しているのでしょうか。ますます使われ方を予測し、独自でVOCを作成することが求められています。

2.4.3　材料メーカーの場合

客先から特注された材料の場合は、2.4.2項で示した部品の場合と同じ考え方で展開できますが、独自で企画する材料を幅広くさまざまな業界に喜んでいただこうとした場合は、自社の得意とする技術を歓迎してくれそうな業界を探すことが必要です。場合によっては新しい技術要素を追加し、新材料を開発しなければなりません。つまり、顕在している要求内容と自分たちで創作したVOCを加えて、品質表を作成することが望まれます（**図2.16**）。このやり方は第5章の新規市場開発で説明します。

2.4.4　専門家向けの製品の場合

競技用の自転車やプロ仕様のカメラなどでは、顧客が専門家なので予想外の使い方をするとは考えにくいのです。むしろ、作る側以上に品質特性へのこだわりが強いかもしれません。要求事項（VOC）がそのまま品質特性になっている、つまり、顧客が品質特性のレベルで要求するケースが多いのです。この場合は品質表の作成を省略することも可能です。使われる環境の非正常時（限界条件）さえ予測しておけばよいのです。**図2.17**に概念を示します。

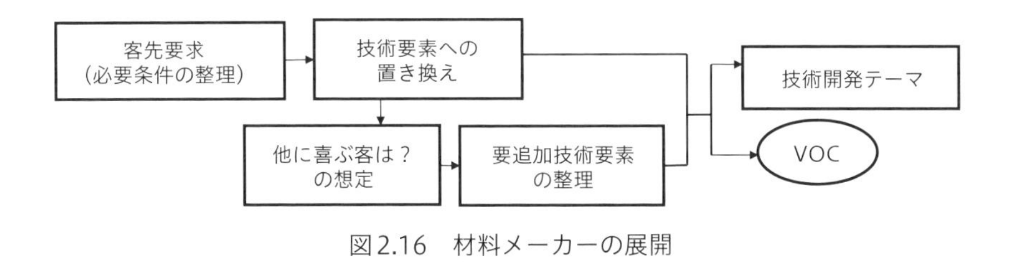

図2.16　材料メーカーの展開

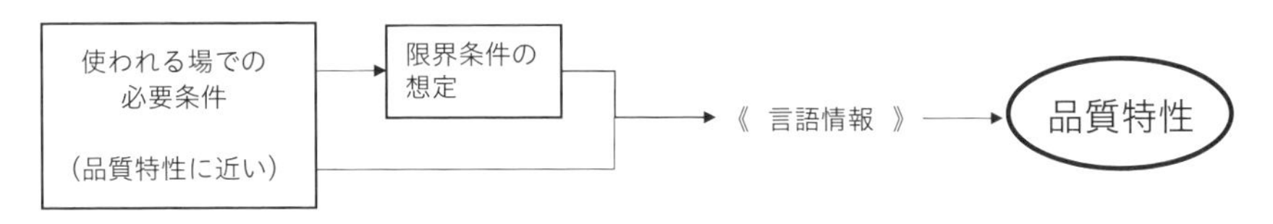

図2.17　専門家使用製品の展開

Column

■　米国で戦闘機専用のレーダー開発の議論に参加しました。パイロットはレーダーの専門家ではありませんが、しっかりとした訓練を経験しているので、非常識な使い方をする心配はないが異常時・非常時の取り扱いはあるかもしれないと考えて品質表の作成を省略し、必要条件を関係者でワイワイと議論して企画目標を作成しました。この製品は米空軍で歓迎されました。

Column

■　品質表の作成で、初めての方には特に、原始情報からVOCを作成する作業に手間をとるようです。いくつかの企業で、1泊2日の合宿でこれを一気に行っている姿を見ました。この方が専念できるのでしょうか。最初の原始情報数個はぎくしゃくしていたのですが、ブレーンストーミングが慣れるに従って、(いい意味での) 遊び心で面白いシーンを想定する雰囲気が出てきます。このステップでは理屈っぽい会話は邪魔でしかありません。

第3章

活動をスマートにする（品質機能の展開）

企画目標を効率的に実現するための活動を整理します。技術的な難課題、作業しやすさの配慮などについて、設計段階から生産段階までの各ステップについてのポイントを説明します。CAPDからPDCAに活動のスタイルを変えるための着眼点を見ていただきます。

筆者は、活動効率化に向けて、方針管理の考え方を流用して徹底した重点指向を勧めています。

日常管理で進められる項目は、従来通りの活動で取り組みます。重大な項目は、全社の知恵を結集して解決に臨みます。これによって、部門間連携の必要な部分を絞り込むことができます。

全面進軍よりもメリハリのついた活動こそ、活動を効率化するためのカギとなります。

企画目標達成のためのボトルネック項目への対応、作りやすさへの配慮、出来栄え不良の早期安定に向けての対応について、要点と効率的な展開を説明します。

3.1 活動効率化のための着眼点

第2章までで良い品質の企画が整理できました。本章では、効率的な展開（新製品開発の仕組み）を検討することにします。第1章で示した通り、開発の効率を阻害している内容としては、

①試験評価に時間がかかる

②CAD/CAM/CAEなどの普及が遅れている

③やり直しのムダが後を絶たない

などが挙げられます。このうち、①、②は専門知識を有する人たちが中心にならないと進みませんが、③は仕組みを整備することによって参加者全員で進めることが可能です。QFDではこの部分（開発の仕組み改革）に焦点を合わせて、業務の効率化を提案しています。

やり直しをすべてなくそうとすれば、活動の対象が大きくなり、消化しきれない事態になりかねません。筆者は、100点満点を狙うのではなく、失敗すると大きなやり直しが生じることで他への影響が大きいと思われる問題を、先延ばししない点に狙いを定めることを推奨しています。影響が大きそうな問題を解決しておけば、一般の問題を多少積み残したとしても十分に対応が可能となるでしょう。つまり、影響が大きいと思われる問題に重点指向し、影響が大きくないと思われる問題への対応は今まで通りの活動（日常管理での改善活動）で取り組んだ方が現実的なのです。品質重点項目は、図2.11の例で品質表の最下段に明示しました。

繰り返しますが、重点としては

・従来よりもダントツにレベルを上げたいが、現状では解決方法が定まっていない

・新技術を適用する予定にしている（基本的な性能などは技術開発で確認済みではあるが、製品適用に際して予想外の問題の発生を予防したい）

・現製品でクレームを多発させているため、再発防止をしっかりとやっておきたい

項目を挙げています。

重点項目に対しては一人の担当に任せっきりで済ますことをせず、全社の知恵を結集して事前解決を図る体制を取ることが大切です。

これらの項目を重点保証項目と名づけて製品企画書で指定し、各テーマに対して推進責任者を指名し、各部門からメンバーが参集し事前検討を徹底します（プロジェクトチーム活動）。個別保証計画で行動計画を明確にして、活動項目の進捗状況を徹底的にフォローします。遅れが生じている場合は、当該実施事項で苦戦している内容があるのですから、苦戦内容の打開に全知全能を傾けます。**図3.1**に個別保証計画の例を示します。

個別保証計画は、試作前に解決するようにスケジュールされています。製品全体の進捗会議では製品プロジェクトの全体進度（成熟度）とともに、これら個別問題の進捗状況を確認しています。

定期の進捗会議は、プロジェクトリーダーを中心に開発の健全性を確認する会議体です。全体の進捗は、品質の例では企画目標達成度、品質問題解決率を主たる目標項目としています。重点項目は個別に推進上の苦戦内容についての調整を図ります。

注：企画目標達成度＝目標達成項目数/企画目標項目数
　　品質問題解決率＝Σ解決件数/Σ要対策項目数
　　重点項目進捗度＝活動遅れ日数

論理的にQFDを考えると、VOCから生産・市場活動までを、一貫して（品質表を中心として）連鎖させることが望ましいように思えます。つまり、【VOCを品質特性に変換－品質特性をサブシステム・部品に－さらに工程・設備特性に－工程・設備特性から工程管理要素へ】と連鎖させる（特性変換のトレーサビリティ確保）ことにより、保証の確実性が確保できるのです。しかし、これでは後ステップになるに従ってボリュームが大きくなり、注意散漫にもなりかねません。

Fukuhara Method では重点項目にこだわって展開し、一般項目は今まで通りの展開をお願いする提案をしています。今まででもほとんどがうまくできていたのですから、全面的に仕事の仕方を変える必要はありません。重点にこだわることによって仕事の質が上がるのです。

			担当			備考
			主担当	関連		資料
A 企 画	市場品質 ↓ 要求品質 ↓ 品質特性 ↓ 企画品質	1.市場状況把握と要求品質展開表の作成 (開発目標値)	品保	開企 技術	設定 → 追加設定 →	要求品質展開表
		2.他車との比較分析		設計	X車 → Y車 まとめ →	
		3.品質表（要求品質展開表+品質特性展開表）の作成	設計		→	品質表
		4.クレーム分析	品保		→	クレーム一覧表
B 設 計 ・ 試 作	企画品質 ↓ 設計品質	1.サブシステム展開表の作成	設計			品質表+展開表
		2.ＰＬ問題の分析	技術	品保	→	報告書
		3.設計品質の設定（逆ＦＴＡ）	設計		→ 見直し →	図面 技術指示表
		4.ＦＭＥＡ実施による改善	設計 技術	開企 品保	第1回 → 第2回 →	ＦＭＥＡ表
		5.品質試験評価項目の設定	開企	技術 品保		試験計画書
		6.試作品試験評価対策	技術			報告書
		7.試作品試験評価対策	品保			報告書
C 生 産 準	設計品質 ↓ 部品特性 ↓ 工法特性 ↓ 工程管理 特性	1.内外製区分の決定	生管			部品工程表
		2.公差配分	品保			個別展開計画
		3.工法検討・設定（部品・治具精度）	各生技		品質表 → 工法 →	設備・工程計画 工法書
		4.車両検査方法作成・設定	品保			検査要領書
		5.品質標準設定	各生技			品標

図3.1　個別保証計画の例

3.2 重点項目の展開（製品設計段階での展開）

3.2.1 レベルアップすべき特性への対応

現状よりもダントツのレベルアップが求められているものの、解決策がまだ見当たらない項目が対象となります。こうした項目を積み残しておくと他への影響が大きく、何としても解決しておきたいのです。

企画のDR時点で解決策が見えていなければ、トップも安心して次ステップへの移行を承認するわけにはいきません。筆者はこのステップを先行検討と名づけています。開発システムに、企画DRの前に先行検討をするステージを設定しておくことを勧めます。先行検討のやり方は図2.12に示した通りです。役員クラスをリーダーとした個別問題検討チームが目標達成のための着眼点を検討します。

このステップで有効な手法が、R-FTA（逆FTA）です。トラブルの原因を予測するのではなく、目標達成のための目の付けどころを探ります。狙いの特性に対して必要条件を系統図状に検討し、可能であれば論理ゲート（AND、OR）を付与（FTA的に）します。この図で関係者の知識を共有し、実現の可否や最も効率的に目標達成できる方法の議論ができます。FTAは故障率を検討しますが、逆FTAは合格率を検討することになります。技術的に達成困難な場合は、ORゲート（つまり冗長）を加えるアイデアも見つけやすいメリットがあります。

図3.2にR-FTAの例を示します。

対策の眼の付けどころが見えてきた項目について、R-FTAを生産の場まで連結させることで、成熟の確からしさを予測するところまでこだわります。また、対策の目の付けどころが見えてきた部分については、FMEAで予想外トラブルの発見に努めておきます。

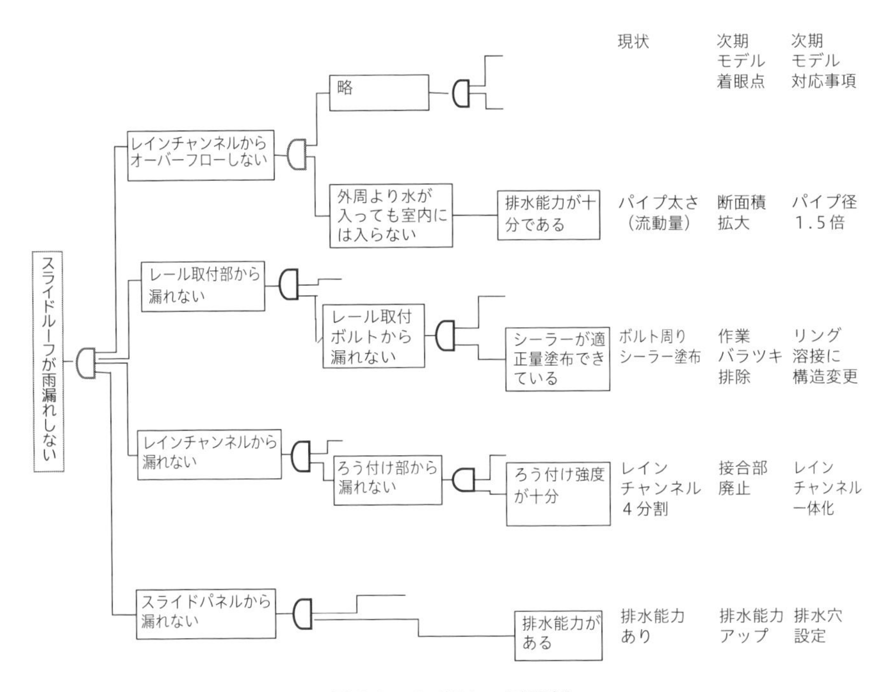

図3.2　R-FTAの展開例

Column

■　トヨタ車体がQFDを展開したときに、ネック技術の解決検討にこの整理を提案しました。当時指導を受けていた真壁肇氏（東京工業大）がFTAの逆（故障予測ではなくて合格予測、ネガティブ表現からポジティブ表現）にしている案をご覧になり、「逆FTAとでも言いましょうか」とコメントされました。以降、同社ではR-FTA（逆FTA）と呼ぶことにして、目標達成のための法案検討時の手法として標準化しました。

3.2.2 新技術採用の検討

技術開発ステップで開発が完了したSeed技術を次期新製品に採用することは、顧客満足の充足度を高めたり、用途拡大を実現させたり、場合によってはこれがセールスポイントになるかもしれません。その意味で新技術の蓄積は、特に今後の製品開発には必要不可欠です。

Column

■　技術開発が進んでいたら3.2.1項の先行検討項目は減少します。つまり、成熟度が上がりやすくなります。某社では製品特性で他社に劣位の項目を技術開発テーマに登録し、常に業界No.1の技術を保つことを目指しています。

技術開発ステップでは当然ながら、結果に対して考えられる特性の評価はしっかりとなされているはずですが、製品となると相性問題や特殊な使用などで予想外のトラブルを起こすこともあります。せっかくの新技術なのに、「気がつかなかった」でトラブルを起こしてはいけません。つまり、製品化する際には予想外のトラブルを予想しておくことが肝要です。

有知識者の経験・知恵を結集することも有効です（これは後節で説明します）が、ここで有効な手法にDRBFM（変化点FMEA）があります。有知識者の気づきを見える化して衆知を集めることによって、漏れ・落ちを予防することが期待されます。DRBFMの手法、手続きについては専門書を参照ください。概略、【①新技術で変化すること、②変更することによって製品の状態として変わること（現象）、③変わることによって引き起こす可能性があるトラブル、④トラブルの影響度・発生の可能性、⑤対応の要否】の順に検討し、問題の発見機会を増やします。

設計のFMEAでは、信頼性ブロック図に登場する働きに対する阻害事項を故障モードとしています。ここで検討したいのは、その他に飛び火する、つまり、信頼性ブロック図に現れない部分への故障・トラブルも予測したいのです。設計のFMEAでは、信頼性ブロック図に登場しない飛び火的な故障の予測はできません。したがって設計FMEAよりも、変化する状態から予測するDRBFMが有効となります。両者をうまく組み合わせて活用することが望ましいのです。

Column

■　例えば、自動車でスポーティなイメージを増すために、運転席のシートを低くしたとします。設計者は直観的にシートのスライド機能やリクライニング機能が阻害されないかを検討します。しかし、フロアマットの下の配線にまでは気づかず、放置してしまいます。長い期間押され続けたハーネスの被覆は、徐々に劣化するかもしれません。10年後に被覆が破れて電気的な不具合を起こすと、大事故につながる恐れさえもあるのです。残念ながら、このトラブルはFMEAには出てこない事象です。

3.2.3　個別再発防止問題

3.2.1項と3.2.2項は良い品質確保に向けた対応ですが、現製品で苦労した問題の解決も忘れてはいけません。つまり、良い品質とともに悪くない品質も確保しておかないと、顧客満足は得られません。開発がスタートする前に過去の品質問題の整理をし、

①絶対に再発防止しておかねばならない

②できれば再発防止をしてほしい

③こんな問題があったことを知っていてほしい

の3段階程度に分類しておきます。①に対しては、有知識人のチームを結成して問題解決に当たります。②に対しては、チームは結成しないまでも試作段階で意識して評価します。③は日常管理レベルで進めることとします。

Column

■ 第2章で某社の品質問題重要度判定基準を紹介しました。量産段階では各チェック項目に配点されているので、合計点で「Aランク」「Bランク品質登録問題」「一般問題」の分類をしています。Aランクは社長管理項目、Bランクは品質担当役員の管理項目として進捗を管理しています。新製品での個別再発防止問題は、品質保証部門がAランク登録問題の中から選んで企画マネージャーに提案し、企画マネージャーが最終的に①、②の判断をしています。

再発防止活動はとかく制約条件が多くなる傾向があるので、あまり多くの問題を提案されると開発以降の活動に無理が来てしまいます。①の項目を絞り込んで、その他のAランク問題は日常管理対象として、担当者がFTAや失敗事例（量産時の登録解除時に作成されている）を参考に改善を進めてくれることとして、試作段階で確認しようとしています。

一般に再発防止とは、「また」を防止することですが、「また」には3種考えられます。

①同じ原因で同じ問題が発生する（同じ原因が「また」）

②原因は異なるものの同じ不具合が発生する（不具合現象が「また」）

③同じ要因でいろいろな不具合を起こしている（同じ要因が「また」）

量産段階では通常、①を再発防止と呼んでいます。QC的問題解決ストーリーは①を狙っています。量産で対応した失敗事例を確認すれば、新製品に反映できるのです。しかし、痛い思いをした不具合に対しては、新製品開発ではどんな要因であろうとも同じ問題を発生させないことを考える、つまり、②を考えることが必要です。したがって、過去の失敗事例や再発防止の標準化などでは不十分です。新製品では同じ不良につながる要因すべてについて、目を配る必要があります。

そうした観点で量産段階で再発防止した際に、失敗事例とともにFTA図を作成しておきます。先に紹介した企業では、Aランク登録問題の解除基準にFTA図の作成が義務づけられています（Bランクは問題解決事例の作成のみ）。FTA図には各要因に対する現状の設計標準、評価標準、生産技術標準などの番号が付与してあり、新製品で何らかの変更を加えることがあった要因系については、現行標準に適合しているか、適合しない場合は問題はないか、標

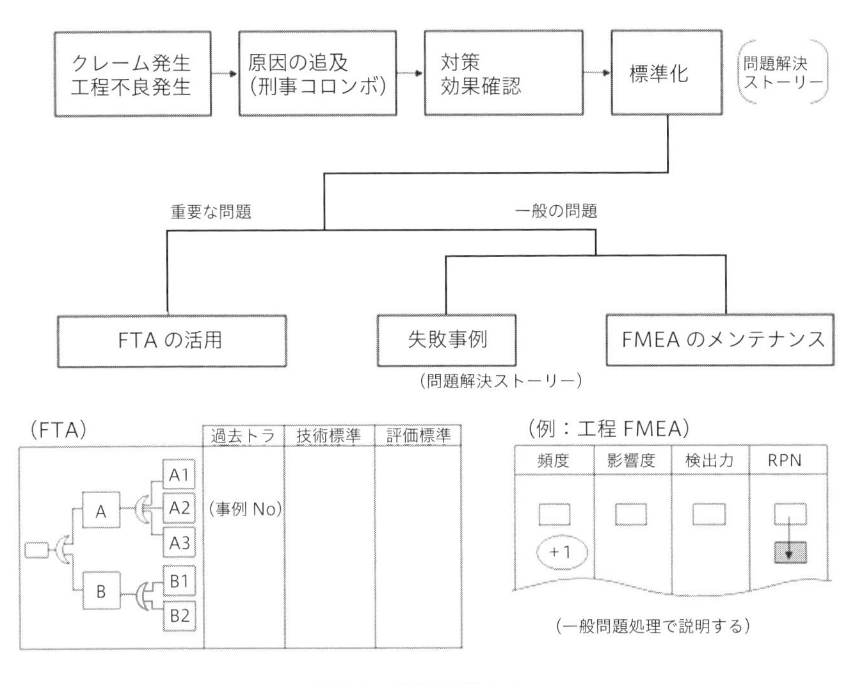

図3.3　個別再発防止

準を変更すべきかをチェックすることにより新たに発生するリスクを察知します。

図3.3に様式を示します。

Column

■　某社では、量産段階での問題解決事例は失敗事例の形で残しています。対策内容には量産中のためにベストの対策ができず、ベターでカバーした内容も存在します。新製品ではベストを実行するチャンスがあります。したがって、対策内容を「べからず集」にしてしまうと、せっかくの機会を失ってしまいます。「原因は○○だった。量産では△△の対策で解決した」というように整理して原因を重視します。対策内容は参考事項として取り扱います。これを失敗事例と呼んでいます。

Column

■　FTA図を作成するには結構手間がかかります。量産段階でFTA図を作成しておくと、開発時に忙しくなることはありません。某社では、A登録問題を年間に5件程度設定しています。つまり１年に5問題程度のFTA図ができることになります。5年もすれば20件以上のFTA図が揃うことになるので、大きな問題のほとんどが網羅できそうです。構造が大きく変わらない場合はこれが使えます。日頃からムリをしない範囲で整理しておくことが、結果としてしっかりとした仕組みの運営をもたらします。

3.2.4　神様DRのすすめ

これまでに注目すべき重点保証項目の取り組みを説明しました。図2.11に示した品質表の最下段に、それらが明示されています。企画DRの際には企画書（開発の狙い、目標販売量など）に品質表を添付して、製品のイメージ、実現のためのネック項目（ボトルネックエンジニアリング：BNE）を明示することで、承認者にイメージと実現のための活動が見えるようにしています。ここに明示された特性（または問題）に対しては、一人の担当に任せるのではなくて知識・経験が豊富な人たちが参加して知恵を結集します。すでに説明した通り、具体的には、R-FTAなどの作成に参加するとともに、目をつけた部分に対しては設計に入る前にいろいろなアドバイスをします。設計者は、このアドバイスをヒントにして最適設計に挑戦します。これを「神様DR」と呼んでいます。**図3.4**に考え方を示します。

従来のDRでは、タイプⅠのように出図された図面をチェックして問題を指摘する形が普通です（つまり、不具合の修正＝やり直しのサイクル）が、タイプⅡでは図面検討の前にアドバイス会を行っています。設計者はこのアドバイスを守るのではなく、アドバイスとしてこれらを参考にして図面の成熟度を上げようとします。出図した図面を、神々がアドバイスに対する完成度を確認します。採用の決まった図面に対して、予想外のトラブルを誘引することはないかをチェック（DRBFMなど）します。タイプⅡは、目標達成のための要留意事項をあらかじめアドバイスして（つまり、完成度の高いアウトプットを得る

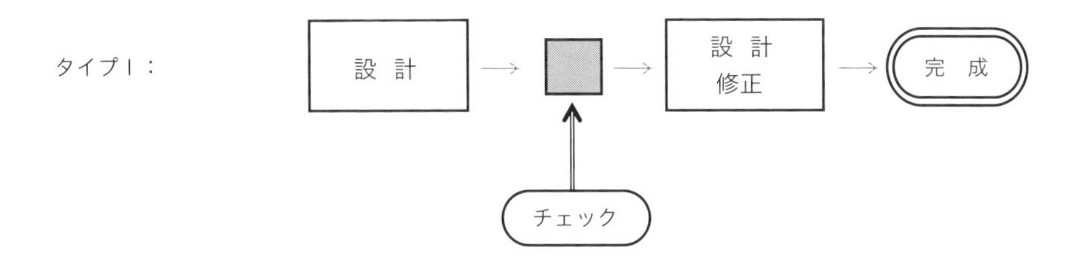

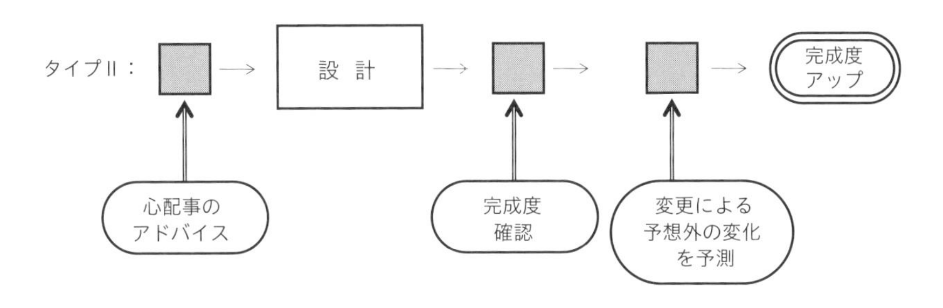

図3.4　重要な変更への対応（神様DR）

ための行動＝未然防止のサイクル）考えているのです。

従来のDR会では図3.4のタイプⅠの通り、結果に対して問題を指摘します。業務の効率化が重視されて、発言しない人は会に参加する必要なしなどと言われると、極端にはどちらでもいいことでも指摘する人が出てきます（DR指摘件数を管理項目に設定されている）。DRルールで「指摘された内容は必ず対応せよ」と指示されていると、すべてに検討を加えなければなりません。おまけに、よく見るとDR会に参加されている人は部門代表が多く、必ずしも有知識者ではない人もいます。DRが目的化されて、仰々しく時間をかけて行われているケースもよく見られます（DR実施回数、DR出席者数、DR検討時間などが管理項目）。これではDRが単なる行事となってしまい、効果は期待できません。

参考：DR 失敗のノウハウ7カ条

（「標準化と品質管理」Vol.42.1989.10　連載10おはなしDR）

キーワード：「ノイズでマスクし、ピントを外す」

①ドキュメントなしで行う

②ドキュメントをつくるならば無茶苦茶なものをつくる

③プレゼンテーションをいい加減にする（誰がやるのかも決めない）

④本音を言わない（体裁・恰好を重視する）

⑤浮き足立った場所・時間（例：廊下の立ち話、短時間で済ます）

⑥無駄なメンバーを集める（群盲象をなでるの実現）

⑦同じ内容のレビューを繰り返す（指摘があっても決断せず、記録もなし）

タイプⅡでは、選ばれた有知識人が知識・経験・失敗例などを設計前に入れ知恵しています。オーケストラで例えると、各有知識者はあたかも弦のプロ、管楽器のプロ、打楽器のプロたちが自身の立場で意見を出し、指揮者がそれらをコーディネートして名演奏に仕上げる、いわば、担当設計者は指揮者の役割を果たすのです。すべてについてタイプⅡを考えるとやりきれない（ボリューム・時間など）のでBNE（難問題：Bottleneck Engineering）に絞り、日常管理で担当する項目はタイプⅠをベースに展開します。

某表示体メーカーでは、各特性、生産技術、製造技術などの分野を設けて分野ごとに現在の有知識者名（部署は関係なし）を一覧表にしています。タイプⅡを行う場合には、一覧表の人物で都合がつく人に依頼して検討会に参加していただくようになっています。「当社には神様はいない」と言わないでください。「この人で気がつかないなら仕方がない」と思える人が、社内では神様なのです。問題が絞れているので仰々しい会議をしなくても短時間で行えます。

3.3 一般項目への対応

一般項目は日常管理で展開すればよいと説明してきましたが、日常管理レベルを円滑に展開するためのいくつかの道具を紹介します。すでに説明した通り、品質を安定させる秘訣は「変えないこと」です。すでに実績が見えているので安心できるはずです。しかし、変えないことは、相対的には退化を意味します。何かの理由で変えなければならない部分があることは避けられません。たとえば、

①ダントツの原価低減を図るために材料・構造・工法などを変える

②現在の工程での作りにくさを改善して出来栄え品質の安定を図る

③個別問題の再発防止を図る（量産を暫定対策で乗り越えた問題を根本対策する）

などが該当します。変えるための行動には、いつのときでも予想外のトラブルを誘引する危険が生じるのです。

3.3.1　ダントツの原価低減を図るテーマ

重要な品質問題に影響を持たない部分では、基本的には変えないことが安全と繰り返しましたが、過去に品質上安定している部分については積極的に原価低減に挑戦することが求められます。品質レベルをみすぼらしく下げることは許されませんが、容認できる品質レベルを確保しながらダントツの原価低減に挑戦します。

原価低減案では、通常で気がつく心配事には気を遣うのですが、採用したいとの思いが強いためにあまり気にならない問題を見落とす恐れがあります。「従来よりも板厚を薄くしようと考えた設計者が、強度や張りを気にして評価したけれども静電量に変化が生じたことには気が回らなかった」という事例を聞いたことがあります。重要なテーマは複数の有知識人が目を通しますが、一般問題・テーマは個人レベルで展開するのでリスクが高くなります。

特に原価低減のための変更時は、変化による悪影響の有無を自主的に確認す

変えること	状態として変わること	心配事	予想されるトラブル	要検討事項
シートを低くする	シートフレームとフロアマットの間隙が狭くなる	シートフレームとフロアマットが接触する	リクライニング機構作動不良	作動確認済
			シートスライド不良	作動確認済
			フロアマット磨り減り	マット耐久性
			フロアマット下のハーネス被覆疲労	経年火災の可能性

図3.5　簡易型DRBFMの例

ることをルール化しておくことが大切です。設計者に対して【変更によって変わること－そのために影響を受けること－危険予測】を行う重要性を教育しておいてください。

Column

■　某社では簡易型DRBFMを、メモ様式でもよいので実施することを教育しています。メモの様式を**図3.5**に示します。

3.3.2　作りにくさ（作業性）への対応

どれだけ魅力的な製品であったとしても、出来栄えで不具合をつくってしまうと、顧客の信頼は簡単に失われてしまいます。「信頼を得るには長い年月を要するけれども、信頼を失うことは一瞬でできる」とは、先人が部下や弟子を教えたときによく言っていた言葉です。

従来の開発パターンでは、作業性の検討は生産試作当たりで実施されていました。このタイミングでは、根本的な設計見直しは量産に間に合わない（発売遅れ）、莫大なやり直しコストがかかるなどから困難な場合が多く、応急処置的な対策となり、そのツケが作業標準であれもこれもと注意すべき事項が多く指示されてしまいます。作業者は四六時中、最大の注意を払って作業しなければなりません。これではたまったものではないので、ついつ忘れや漏れを起こしてしまいます。ムリなく作業できることが、出来栄え品質確保のカギであることは言うまでもありません。

Column

■　仕事をすることを、「はたらく」と言います。この言葉は、後工程に対して「ハやく、タだしいものを」届けること、そのために自分たち(作業者)には「タのしく、ラクに」行動できることが肝要です。この頭文字をたどると「ハタラク」となります。「タのしく」とは前向きにとらえられること、「ラクに」とはムリなく作業できることを意味しています。藤田董氏が現場監督者向け講義でよく話されていた内容です。筆者は多くの工場で、現場からムリをなくせばポカミスなどの不良が激減する体験をしました。

生産試作段階ではタイミングが遅過ぎるので、試作段階で作業性のチェックをすることに改めた企業があります。現場監督者が試作工場に出向き、実際に作業を体験して問題を指摘します。ずいぶんと活動が前出しされたように見えますが、実際のところ、試作図面の多くはそのまま生産用図面に転用されます。設計のやり直しまでのフィードバックにはかなり高い壁があり、結局は作業標準での急所指示必要部分を早くつかんで作業標準の完成度を上げる成果が得られただけで、作業者にとっては注意すべき箇所はあまり減らない、逆に増えるという結末を迎えることとなりました。すなわち、試作段階でもタイミングは遅いのです。

作業性の検討は、製品設計を開始する前になされないと、図面・設備への反映は難しいことがここで明確になりました。どんな製品になるかもわからないタイミングで、作業性に関するチェックをしたくても実際にはできません。ここで、考え方を変えてみます。長く同類の製品を生産していた経験を考えると、新製品の様子は不明でも作業要素はほとんど変わらないはずです。

自動車の組立工程を例にとって考えてみると、作業者は忙しく走り回っているように見えますが、作業要素で見ると「切る、貼る、くっつける」の3つを行っています。新製品になっても、この要素はほとんど変わらないでしょう。

とすれば、評価の概念を超えて、設計者に対して「現在の工程ではこんな作業で苦戦しています。できれば、工夫していただけたら…」というように、「作業性を加味した作りやすい設計を行うための良い情報を提供する」と考えてみてはいかがでしょうか。構想設計の段階でこうした情報が製品設計者に届いていたら、ムリなくコストをかけずに対応できることがかなり存在すると思われます。

図3.6に作業性情報の様式例を示します。現在の工程で苦戦している作業要素を取り出して、「作業性が良い状態とは」「現状はこうなっている」を整理しています。空欄は問題なしの箇所です。設計部門はこの情報で「次の製品ではこうするよ」のアイデアがあれば内容を後工程に伝えます（右端の欄）。

一般にフィードバックと言えば、ついつい「ああしろ、こうしろ」と対策案に近い情報を伝えることが多いのですが、ここではありたい姿に対して相違している部分をやりにくい状態として伝えています。どのように改善するかを考えるのは、設計・生産技術の人たちです。状況を知って設計が工夫し、設計で対応できないところを生産技術で考える、それでも不可の部分は製造で受け持つといった流れを重視しています。類似作業を伴う部分への横展開も含めて、作業性の改善を早い段階から取り組むのです。TPMで使われているMP（Maintenance Prevention）情報を参考にした考え方です。

ここで、やりにくい作業とは以下の作業要素を指しています。これらはいずれも誰がやってもやりにくい作業で、慣れるしかありません。ベテランでもやりにくいと感じる内容です。「新人だからミスが起きた」は、こうしたムリがあることを示しています。普通にやったらミスが起きない作業が、最も安定するはずです。

【やりにくい作業】

①微調整を要する作業

②勘・コツで判断する要素がある

③手元が見えない作業

④力仕事（重量・指先がしびれてくる）がある

⑤姿勢が悪い（寝転び、かがみ、仰向け、腕を伸ばし続けなど）作業

⑥特殊工具を使用する作業

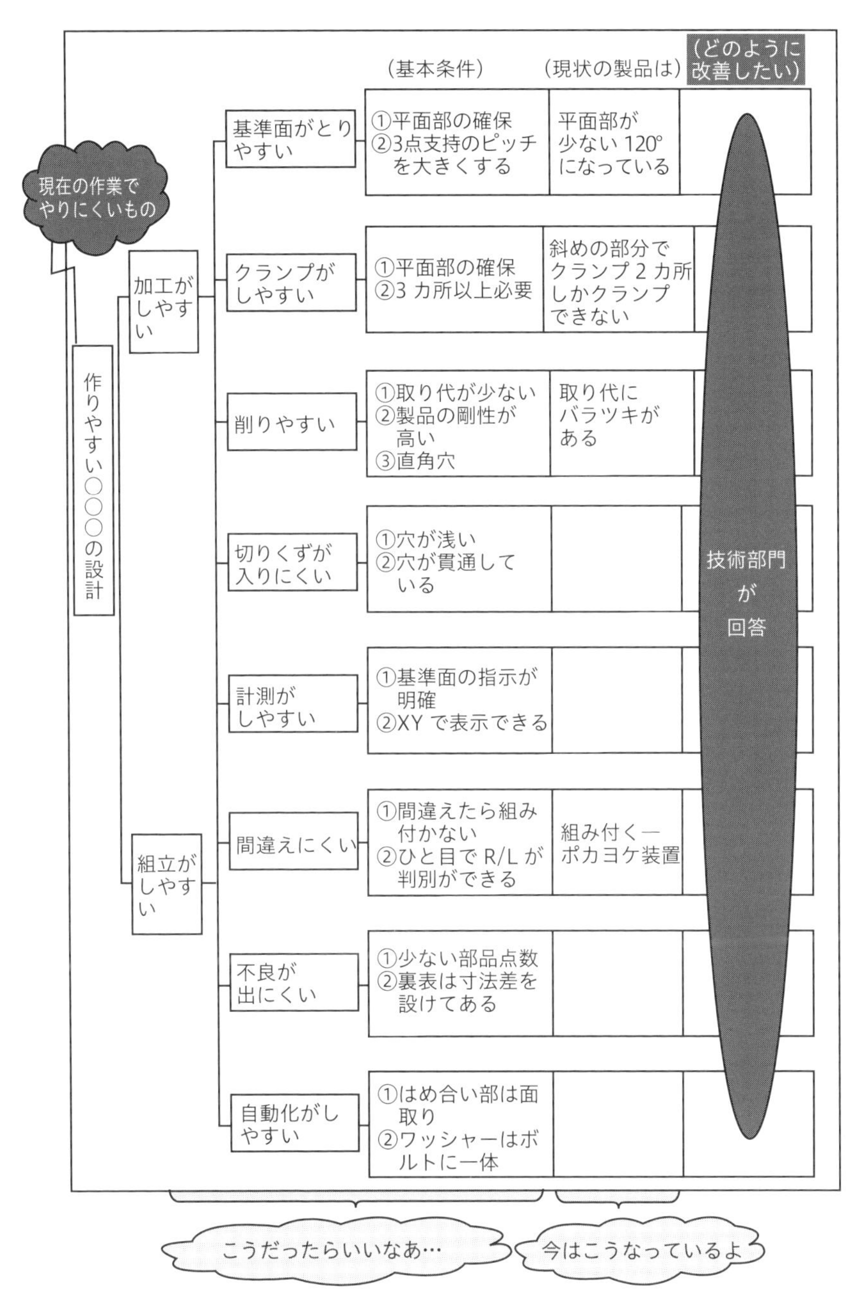

（基本条件）
（現状の製品は）
（どのように改善したい）
現在の作業でやりにくいもの
作りやすい○○○の設計
加工がしやすい
基準面がとりやすい
①平面部の確保
②3点支持のピッチを大きくする
平面部が少ない 120°になっている
クランプがしやすい
①平面部の確保
②3 カ所以上必要
斜めの部分でクランプ 2 カ所しかクランプできない
削りやすい
①取り代が少ない
②製品の剛性が高い
③直角穴
取り代にバラツキがある
切りくずが入りにくい
①穴が浅い
②穴が貫通している
計測がしやすい
①基準面の指示が明確
②XY で表示できる
組立がしやすい
間違えにくい
①間違えたら組み付かない
②ひと目で R/L が判別ができる
組み付く―ポカヨケ装置
不良が出にくい
①少ない部品点数
②裏表は寸法差を設けてある
自動化がしやすい
①はめ合い部は面取り
②ワッシャーはボルトに一体
技術部門が回答
こうだったらいいなあ…
今はこうなっているよ

図3.6　作業性情報の例

Column

■　量産段階の事例ですが、ある企業でやりにくい作業を洗い出してみよう（不良が出ているかどうかは無関係）、それらを何とかならないかを工夫してみようという年間プロジェクトが展開されました。その結果、出来栄え不良が40％も低減しました。客先から、「最近、貴社からの納入不良が激減しているね」とコメントされたそうです。参加した現場作業者のものの見方も変わって、総合的に良い効果を上げたのです。作りにくさが、品質に大きな影響を与えてくれていることがわかります。

3.3.3　個別問題の再発防止

一般問題の個別再発防止を考えます。これらは日常管理として、もっぱら担当者に「任せたよ。期待しているからね」と指示して展開されます。厳密なルールをつくっての取り組みは開発の多忙時にかえって実行できなくなるため、担当者がリスクに気づくようにインフラの整備をしておきます。

図3.3の右側に活動例を示しました。一般問題の再発防止は、同じ原因で同じ不具合を起こすミスは最低限予防しておきたいのです。繰り返しますが、量産段階で苦戦した不具合については、解決が図れた時点で失敗事例（QC的問題解決）をまとめておくことが大切です。

再発防止事例では対策内容を踏襲するイメージが強くなってしまいますので、量産段階でやむなく打った手を新製品にも適用する危険が生じます。「こんな問題がありました。原因は○○でした。量産では△△の対策をして乗り越えました」を事例で整理しておきます。同じ原因を引き起こす要因には、細心の注意を払って取り組んでほしいのです。

失敗事例をいつでも確認できるよう、事例検索の仕組みを考えておくことが肝要です。量産製品の開発時に当該事項のFMEA検討がされていた場合は、原因となったフェイラーモードの発生頻度ウェイトを1点プラスしておきます。RPN（総合リスク度）がこの1点でランクアップする可能性が生じます。新しいRPNが検討要の点数になると、簡単に過去の事例にアクセスできます。

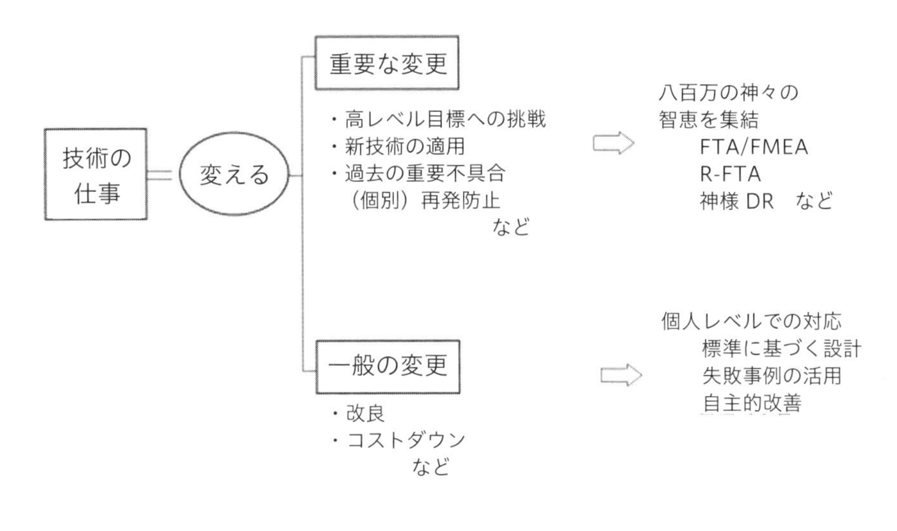

図3.7　設計段階の対応

Column

■　FMEAで過去に発生した内容をすべて1ランク上げてしまうと、検討する項目がどんどん増えていきます。一般の問題は、再発防止の検討を要するものと、様子を見るレベルで進めるものを分けた方が活動にメリハリがつきます。従来のFMEA表に発生頻度で1点プラスしたのは、そうした考え方からです。新製品で同じ問題が発生しなかった場合は、プラスした1点を無罪として削除すればいいのです。いきなり有罪判決ではなくて、執行猶予判決も考慮したやり方と感じてください。**図3.7**に問題への取り組み対応を示します。

3.3.4　一般項目へのマネジメント

繰り返しますが、一般項目の展開は日常管理レベルで行います。いわば担当者にお任せの形となります。日常管理の基本的な考え方は個人への動機づけであり、決して結果に対する責任までを押しつけるものではありません。ベテランあるいはリーダー（管理者）には、彼らが生き生きと活動し、良い結果を生むよう適切なアドバイスを与えることが要求されます。従来は検図のステップで詳細をチェックし、図面の問題点を発見し指摘する形が取られてきました。しかし、リーダーが1日出張などで席を空けると、膨大な量の出図がなされる例も見受けます。これでは、すべてを詳細にチェックすることなどはできません。だからと言って、目をつぶってサインすることも避けなければなりません。

Column

■　図3.8は某社で設計の単純ミスを検討した例です。予防方法は先輩・上司のつぶやきアドバイスが最適と理解して、直近の新製品開発の際に設計部門のリーダーに「どこかを変えた？」会話を要請しました。会話をした・しなかったのメモを残していただいた結果、会話をした図面でミスが確実に減少し、開発の効率化に貢献することが確認されました。以降、「会話漏れ図面枚数」が管理項目に追加されました。うまいOJTの例と言えましょう。

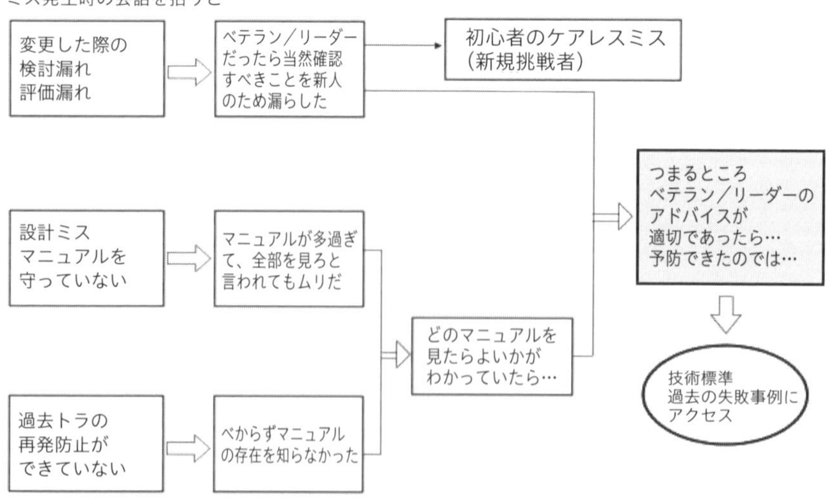

図3.8　設計のポカミス予防展開例（某センサーメーカー）

出図された図面を見る際に、設計者に対して「以前とどこかを変えましたか」と問いかけることを徹底してみてください。変えていない図面に対しては細部チェックは不要です。どこかを変えた場合は、リーダーの経験で思いつく範囲で結構ですから「○○は確認したかね。××の失敗事例はチェックしてありますか」の会話を続けます。この言葉がキーワードとなり、担当者は標準のチェックや過去の失敗事例にアクセスして検討してくれます。チェックリストを作成すると、とかく重くなり、チェック項目記載事項を保証する行動となりがちです。ちょっとしたアドバイスで考える機会を提供することが、担当者の気づきを育成します。これが日常管理の基本です。

Column

■　**図3.9**は、某制御機器メーカーがQFDでの開発効率化に取り組んだ結果です。図は設計が費やした工数の累計を示しています。3つのプロジェクトの間に、設計の仕事のやり方がCAPDからPDCAになり、全体で半減していることがわかります。設計者との「どこかを変えた？」という会話が大きく寄与していると思われます。設計が変化・変更に敏感な集団に変身した結果です。

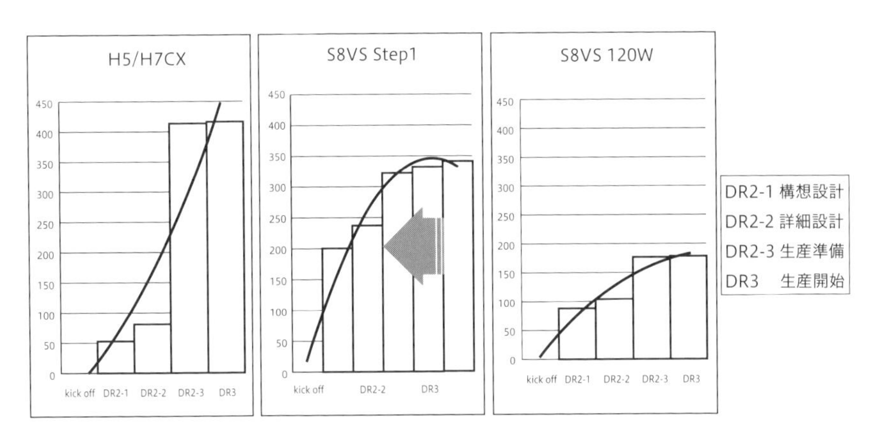

図3.9　設計工数の変化（某社の例）

3.4 生産準備段階の活動

生産準備とは以下の活動を指しています。

①工程計画（工程編成、設備計画、工法計画）

②調達計画

③検査計画（検査法作成、検査配置、検査準備、計測管理）

④製造準備（標準類の整備、工程管理準備、技能訓練など）

3.4.1 全体の体系

生産準備でも、後ステップに問題を残さないことを重点に、早い段階からの活動が望まれます。トヨタ車体の体系例を**図3.10**に示します。ここでも、CAPDからPDCAへの転換が読み取れます。

ここでは、5つのポイントを定めています。

①基本構想段階（製品企画DR前）からの生産技術検討

②工法の事前評価

③設備の事前評価

④ステップ別のきめ細かい成熟度フォロー

⑤作りやすさ情報の収集と構想設計へのフィードバック（MP情報）

生産準備のステップでは、製品設計以上に待ったなしの展開が求められます。製品設計の場合は、生産までの期間が多少残っているため最悪やり直しのチャンスがありますが、工程設計、設備設計ではやり直しが極めて困難です。いったん設定した設備をやり直すことはほとんど不可能に近いのです。結局はそのツケを生産側へ押しつけて、ムリ作業を課すことになります。

前にも説明した通り、作業方法・訓練でカバーする工程は不安定になる可能性が高いのです。生産工程に向かって、「特に注意するところはないから、普通に作業してください」（つまり、急所作業が少ない）と言えるのが生産準備の良い結果です。上記ポイントの⑤、①は早い段階から作業性を確保するための仕組み、②、③はやり直し防止の仕組み、④は待ったなしのフォローを求め

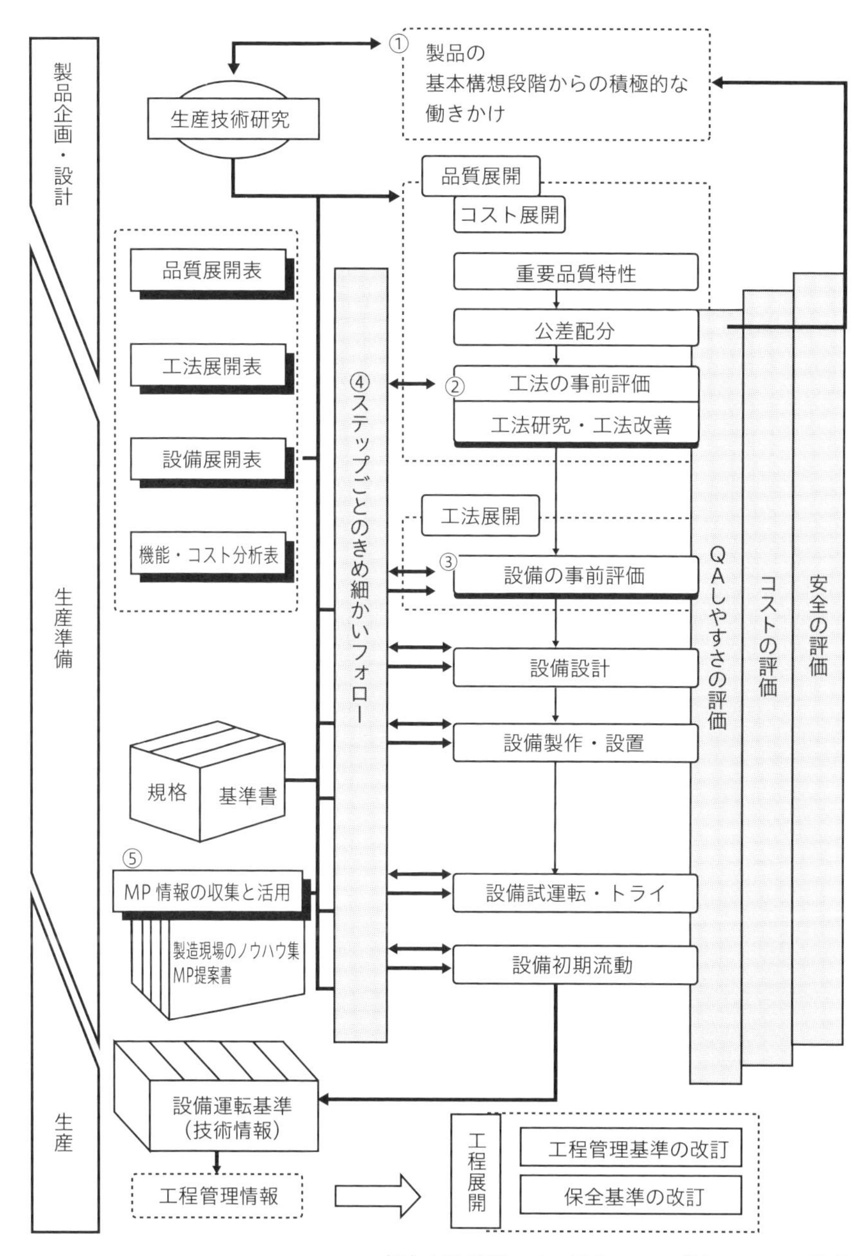

（注）MP 情報：メンテナンス・プリベンション情報

図3.10　生産準備の体系（トヨタ車体の例）

ています。製品設計以上にきめ細かい活動が必要です。

特に、重点として取り組んでいる品質特性に関連する工程では、製品設計から生産に至るすべての工程を連結して最適を目指すので、それに伴う工程の変更も生じますし、生産性向上のために新設備・新工程を計画することもあるでしょう。生産工程に何らかの変更を加える必要がある部分を、関係者が共有して取り組むように体系を整備しておいてください。

図3.11に、設計・工程・設備などの工夫により、作業急所を減少させた場合の出来栄え品質安定例を示します。

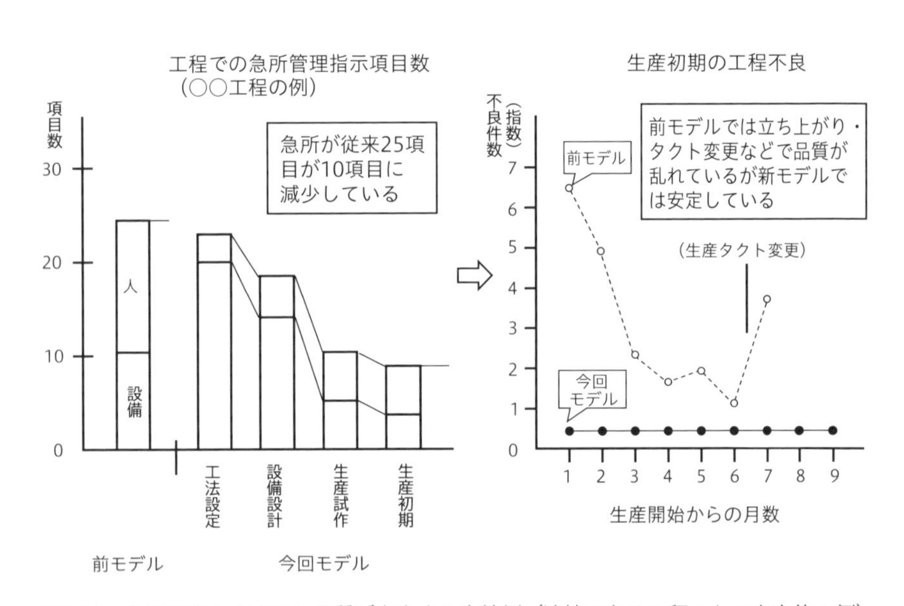

図3.11　急所を少なくすると品質が安定する実績例（溶接のある工程：トヨタ車体の例）

Column

■　某社では生産技術者の教育で、工程・設備を見る際には以下の5項目をいつも頭に入れておくことを徹底させています。

QAしやすい設備の条件とは、

①良品条件が明確（できれば定量的）である

②良品条件の設定がしやすい（ムリ作業の排除）

③（設定した）良品条件は（操業中に）変化しにくい

④変化した場合はすぐにわかる

⑤（変化した状態は）簡単に復元できる

のことで、これらの条件をすべて満足した工程では品質不良は起こりません。量産段階では抜本的な改善（設備の入れ替えなど）が困難な場合も多く、どうしても④辺りでの対応が中心になりがち（不良検出のフェイルセーフなど）ですが、新製品開発では①、②の検討チャンスが得られます。生産技術者は、いつのときも自分の担当した工程・設備について、頭の中でこの5条件をチェックします。生産工程に向かってムリを指示していないかがわかります（後工程はお客様の実践）。

注：ムリ作業とは

微調整を要する作業、カン・コツ判断を伴う作業、手元が見えない作業、力（重量・指先）を要する作業、姿勢にムリを伴う作業（かがみ、寝転び、仰向きなど）、特殊工具を使用する作業

Column

■　トヨタ車体では、生産準備を生産準備と製造準備に分けて組織分担していました。生産準備は工程計画、設備計画など制御できる要因系を担当し、製造準備は工程管理計画を担当します。設備などで不十分だった内容を、安易に工程管理で対応と伝えて一件落着というわけにはいかないようになっていました。

3.4.2　調達品の保証

調達先の選定や取引先の指導など調達品の保証については、ISOをはじめとしてたくさん文献も出ていますのでそちらをご覧ください。ここでは調達品と出来栄え不良の関連を明確にして、管理のレベルを上げる考え方について説明します。

図3.12は工程不具合と調達部品の関連をマトリックスにまとめたものです。横方向で不具合が発生した場合の関連する部品リストが明確になり、縦方向で部品が影響を及ぼす不具合が明確になっています。開発で工程不良の再発防止を図る場合、何らかの理由で部品を変更した場合などで検討すべき部品の選択に漏れや落ちがなく、誰にでもでき、保証力が上がることが期待されます。

このマトリックスは、工程のFMEA（P-FMEA：後述）などの検討結果から簡単に作成できるので、ぜひとも活用していただくことを勧めます。重点として取り上げた特性・不具合はこだわって検討しているので安心ですが、一般項目は日常管理で展開するので担当者の気づくチャンスを提供する、つまり、見える化は保証力を上げる効果をもたらします。

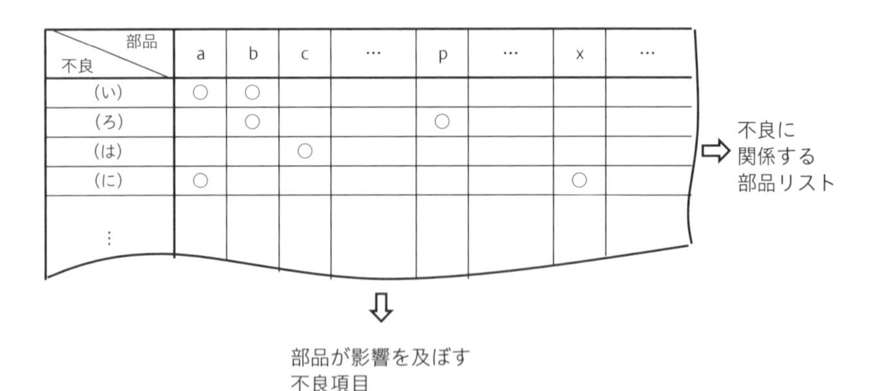

図3.12　調達品の保証

3.4.3　工程能力の確保

⑴ 工程でのバラツキを抑える

出来栄え品質の安定、つまり工程のバラツキを許される範囲に抑えるためには、人によるバラツキ要素をできる限り少なくすることが有効であることは繰り返し述べてきた通りです。設計・設備で抑えたバラツキ要素は、調節（作業開始前に最適条件を準備する）や定期メンテナンスなどの制御がしやすくなりますが、人に絡む要素はいろいろなノイズに対する対応が遅れる可能性が大きくなるのです。開発の早い段階（設計・設備に手が打てるタイミング）で、対応すべき事項を明確にして検討をしなければなりません。

まったく新しい工程を設定する場合は全工程が対象になるので、工程展開表（品質表）の作成が望ましいと思われます。工程展開表はWhatが設計特性、Howが工程要素のマトリックスです。従来の工程の一部を変える場合は、変えることによる影響にこだわって解析する方が効率的です。生産工程では変化要素（ノイズ）がたくさんある（周辺温度、作業者の体調変化でもバラツキは変化します）ので、すべてのノイズを予測し配慮することはかなり困難なことですが、挑戦しなければなりません。

そのための手段として、ここでは工程のFMEA（P-FMEA）の活用を勧めます。早い段階で変更する工程に対してP-FMEAを展開し、可能な限り材

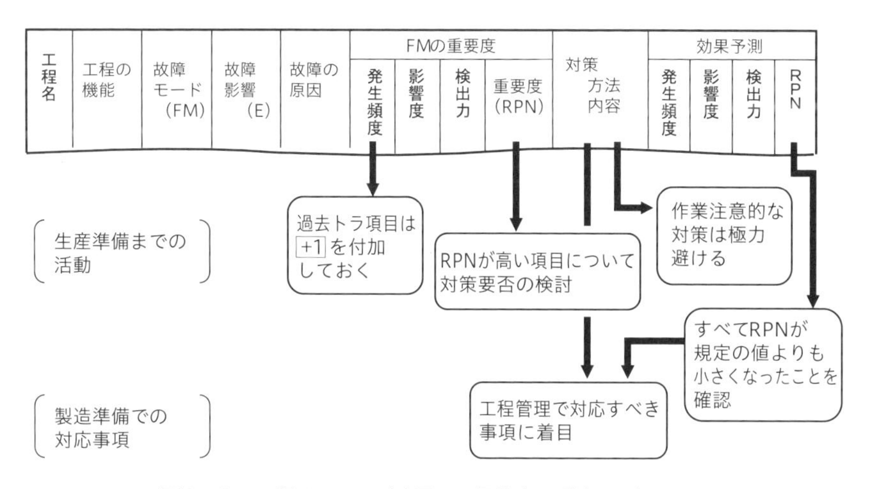

図3.13　工程FMEAの活用－工程能力の確保に向けて－

区分	Ⓢ Ⓐ 一般	工程の不良モードと影響の解析表 （故障）FMEA表（1／2）	昭和○○年○月○日 産車製造部　生産技術課
評価	×◇◇◇		

部長	課長	係長	主任	担当者
◇	◇	◇	◇	◇

品番	品名	工程名	製造部署
51001－◇◇◇－71	フレームサブアッシイ	フレームサブアッシイ仮付⑫工程	溶接課

No.	工程名 （上記工程の詳細工程を記入）	工程の機能 （解析をする機能が何であるかを記入）	不良モード （故障） （予想される不具合、過去にあった不具合も詳細に記入）	不良の影響 （製品機能の言葉で、ASSY、SYSTEMに与える影響を記入）	不良の原因 （それぞれの不良モードにあてはまるすべての原因を記入）	評価点 影響度	発生度	検出度	重要度	対策の着眼点 （現状の管理の状況を考え、特に製造上留意する点を記入）	対策内容 ㊇…発生源対策 ㊕…検知対策	期日	部署名担当者
1	リヤフレームS／A搬入・セット	リヤフレームS／Aを仮付治具へ搬入・セットする	ホイルベース寸法1410　不良	・旋回半径不良 ・操舵フィーリング不良	・治具段替不良	5	2	2	20		㊇ 溶接トライの実施	○	生技 溶接
					・リヤメタル内幅寸法190±1不良	5	3	3	45	リヤメタルS／Aの溶接歪み			
3	ティルトシリンダーS／Aセット	ティルトシリンダーブラケットを治具にセットする	・ティルトブラケットの位置 435±2.270±2不良	・ティルトシリンダー漏れ	・マッドガード角度不良	7	2	3	42	マッドガードの傾き	㊇ マツドガードS／A仮付道具の見直し（X300と兼用）	7.31	生技 設備
				・前後傾角度不良	・ワーク位置決め不良	7	3	3	63	位置決め機構	㊇ 位置決めピン部の改良	8.31	生技
4	フロントプロテクターS／A搬入セット	フロントプロテクターS／Aを仮付治具にセットする	・ギヤBOX取付穴位置 ・374　不良	・配管類漏れ ・操舵フィーリング悪い	・ワーク位置決め不良	4	2	2	16		㊇ 1.油圧クランプの採用	○	生技
					・クランプ不良	4	3	3	36	ワークの溶接歪み	㊇ 2.逆ゾリ機械の採用	○	生技
					・ワーク寸法不良	4	3	3	24				

図3.14　工程のFMEA記載例

料・構造などの製品設計や、設備仕様・設備メンテなどで対応できる方法を構築します。**図3.13**にP-FMEAの展開と工夫どころ、**図3.14**にP-FMEAの具体例を示します。本ツールを初めて見る方は参考にしてください。

Column

■　かなり以前から多くの企業でP-FMEAが採用されていますが、よく見受けられるのがRPN（Risk Priority Number）の高い（対策要）故障モードに対して、対策が作業注意の追加で済ませているケースです。これでは、作業に負荷をかけるためのP-FMEAとなってしまいます。現場いじめのための手法となるので凶器でしかありません。おそらく検討のタイミングが遅過ぎて、設計や設備仕様に反映できないために起こった悲劇であろうと思われます。図3.13は現場説得のためのツールにならないように工夫された例です。

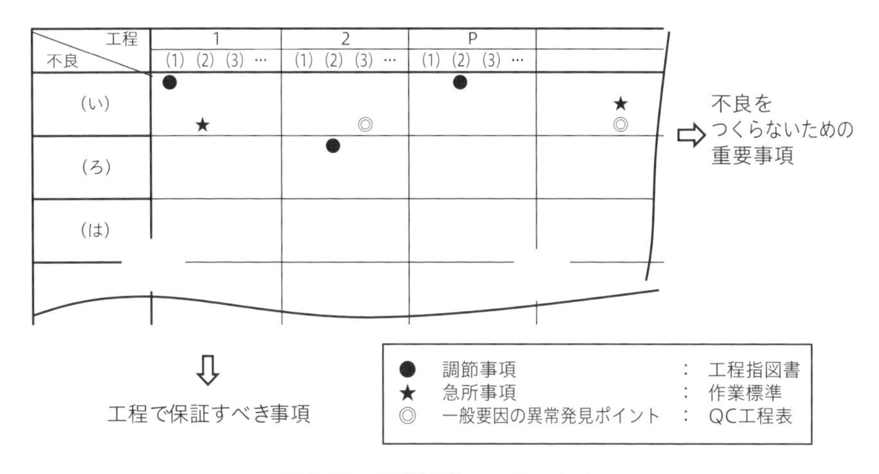

図3.15　工程管理マトリックス

⑵ 工程管理マトリックス（効率的な工程管理の実現）

P-FMEA解析で工程の心配要素を発見し、適切な手を打ってきたのが（1）での活動でした。P-FMEAは工程を主役としての解析のため、当該工程の安心を確保しています。しかし、工程間をスルーに眺めたときの安心度は見えにくい課題があります。そこで、P-FMEAの影響度欄を中心にまとめたのが工程管理マトリックスです。

図3.15に工程管理マトリックスの模型を示します。図3.15を横に眺めると、ある不具合項目に関連する工程要素が見えます。P-FMEAで解析された結果、工程での調節事項や作業の急所管理すべき事項がわかります（●や★で示します）。この表で、不具合を発生させないための作業の重点が読めます。

重点要因は●、★で個別に押さえられるので、その他の要因の乱れをタイミングよく検知するための関所を設ける必要があります。この関所の役割を果たすのがQC工程表（◎）です（管理図などが有力なツールです）。監視場所（関所）をたくさん設けると安心ですが、ムダが多くなります。見逃すと影響が大きくなる危険箇所を見定めて、効率的な関所設置が望まれます。

効率が良いかどうかは、不具合項目をスルーに眺めて初めて見えてきます(P-FMEAシートでは見えません)。各工程は自分の工程で確実に守らねばならない事項が何かを、縦に読むことでわかります。●は工程調節表（始業前調節、定期調整など）に、★は作業標準の急所事項に反映すべき事項であること

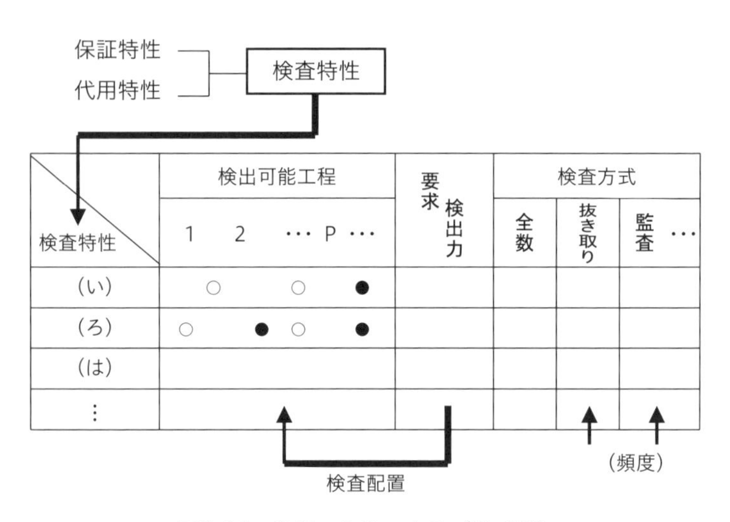

図3.16　検査マトリックス（様式例）

が簡単に読み取れます。言うまでもないことですが、目的は不具合を発生させないことですから、工程管理マトリックスは「品質を工程で保証する」の姿を見るために非常に有力なツールです。

縦軸に品質不具合をすべて並べると、ややもするとマトリックスが大きくなる危険があります。過去の工程で経験した不具合を中心に数個に絞ると、適度に整理されたマトリックスが得られます。工程要因はいくつかの不具合に関連することが多いので、数個に絞っても見落としはかなりのレベルで防ぐことができます。★については、急所として作業標準に明示するほかに、難度の高い工程には必要に応じて特定作業者の指名業務としたり、重要工程表示をしたりして確実に守る手立てを講じておくことが大切です。

⑶ 検査能力の整理

図3.16に検査マトリックス例を示します。検出可能工程を明確にした上で不良をつくらない実力を、図3.15で検討した結果に基づいて検査の厳しさ判定と検査配置を定める役割を果たしています。生産が始まった後でも、不具合の発生状況によって検査の厳しさ、検出工程の見直しができます。

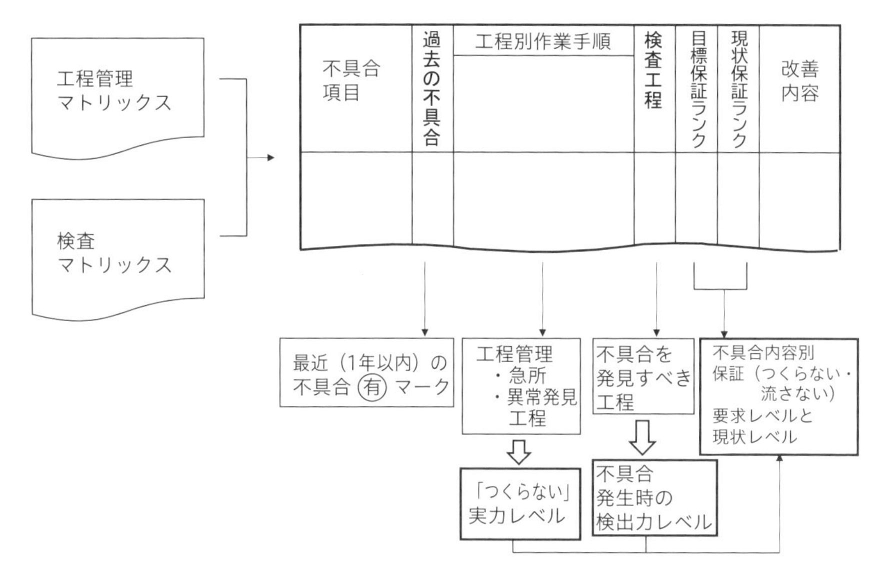

図3.17　QAネットワークの構成

機能（特性）	保証項目	過去の不具合	仕入先	受入検査	社内工程 前工程				対象工程													完検		目標ランク	現状ランク
						(う)製作	(け)製作		洗浄	(あ)組付	(い)組付	(う)配膳	(え)仮組	(お)組付	(か)組付	(え)本組	(き)●付	(く)組付		検査	梱包	機能 A	性能 B		
異品	a 異品					B						②								◇2				B	B
	b					A						②												C	B
	c			◇2									①					②						C	A
	d						B																◇	C	A
	e			◇2												②				◇2				B	B
	f			◇2																			◇	B	A
	g			◇2																				B	B
	⋮	（省略）	（省略）		⋮			⋮											⋮						
欠品	b 欠品					A																	◇	C	A
	c												①		①								◇	C	A
	d																					◇	◇	C	A
	f																						◇	C	A
	g																						◇	C	A
	h													①									◇	C	A
	i														①								◇	C	A
	⋮																								

(No.)：発生防止ランク　◇No.：流出防止ランク　A、B：保証ランク

図3.18　QAネットワークの例

出典：「事例に学ぶ製造不良低減の進め方」

⑷ QAネットワーク

出荷品質の保証レベルを常に確認し、必要に応じて的確な処置を行うために提案されたのがQAネットワークです。出荷品質は、不良品をつくらないレベル（工程能力）と、不良品を出荷させないレベル（検出力）のバランスを保つことによって保証されます。QAネットワークは、このバランスを見られるように設計されています。図3.15と図3.16の組合せで現状の実力を確認します。**図3.17**に考え方を、**図3.18**に実例を示します。出荷品質の側から生産工程のあるべき姿を眺める（後工程はお客様）ことができます。QAネットワークの作成手順などについては専門の文献を参照ください。

3.4.4　1個不良への対応

QAネットワークの対象は工程能力問題です。つまり、母集団の変化に対して予防すること、検知すること、是正を迅速に行うことを目指した仕組みのため大きな変化に対しては有力ですが、従来ポカミスなどという言葉で扱われていた1個の不良を防ぐ手立てにはなりません。

昨今の工程ではPPMやPPBレベルが求められ、不具合内容によっては1個の不良も許されません。量産型の製造工程で考えると、1個の不良は工程に変化がなくても起こり得ます。「人のやることだからたまにはミスもあるよ」と言ってはおられません。

過去に経験したヒューマンエラーとして処理してきた問題を反省してみると、真にヒューマンエラーと言えるものはごく稀で、ほとんどが作業のどこかに落とし穴があって何かの拍子にその穴にはまったと言えるものであることに気づきます。真のヒューマンエラーはフールプルーフやフェイルセーフで防ぐことが必要ですが、エラーを誘発する落とし穴がある場合は、

・その落とし穴を埋める
・万一、落とし穴に落ち込んでも足をくじかない程度に浅くする
・落とし穴を避けられるようにする

などを工夫すれば、作業者は気掛かりなく作業ができて、ミスも回避できるのです。

生産工程の整備段階で設定した工法・設備・作業方法に、ムリ（落とし穴の種）がないかを確認する2つの方法を紹介します。

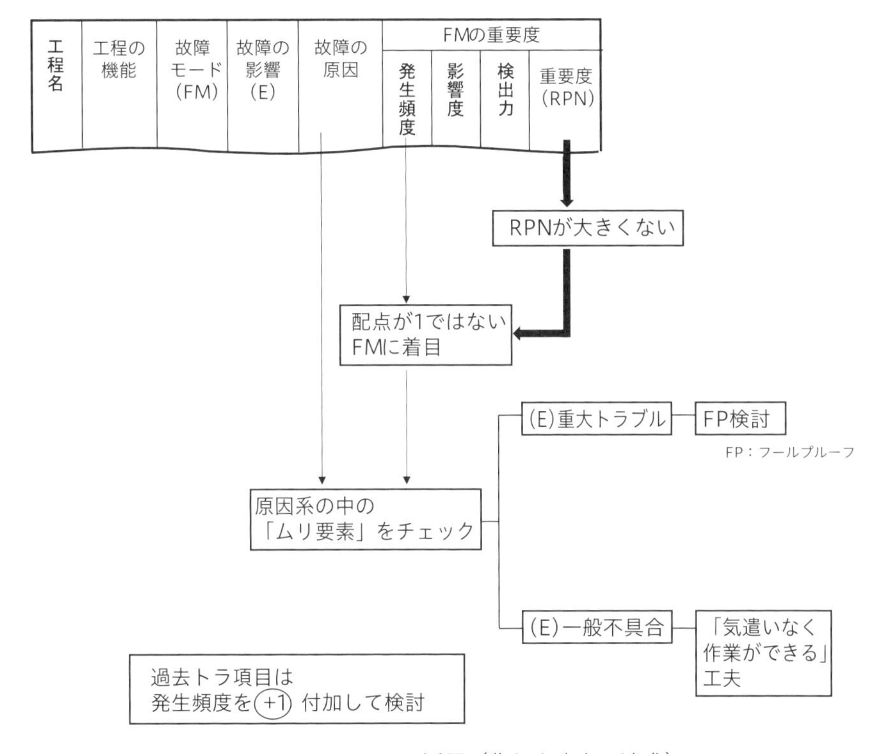

図3.19　P-FMEAの活用（作りやすさの追求）

(1) P-FMEAを活用する

工程整備で展開したP-FMEAを別の視点で読み説きます。本来の読み方はRPNの大きい作業要素を抽出して改善しますが、ここでは発生頻度が1点ではない故障モードに着目します。故障モードの原因系に無理作業が潜んでいないかをチェックして、要改善箇所を探索します。**図3.19**を参考にしてください。

(2)「保証の網」解析を活用する

過去に起きたポカミス数項目について、作業順に同じ不良のつくり方を考えていきます。「なぜなぜ」のように原因を探るのではなく、同じ不良のつくり方を考えるのです。

1個不良の原因を探るのは至難の業であるためついつい、「作業者がよそ事を考えていた」などと原因を人に求めて、再発防止として作業標準でダブルチェックを指示するケースが多々見受けられます。その結果、作業注意がどんどん増え、作業者は息をつく暇もありません。かえって見落としが起こりやすくなります。保証の網は、作業の中に存在する落とし穴の発見を狙いとして考案されたものです。**図3.20**に保証の網作成法を、**図3.21**に具体例を示します。

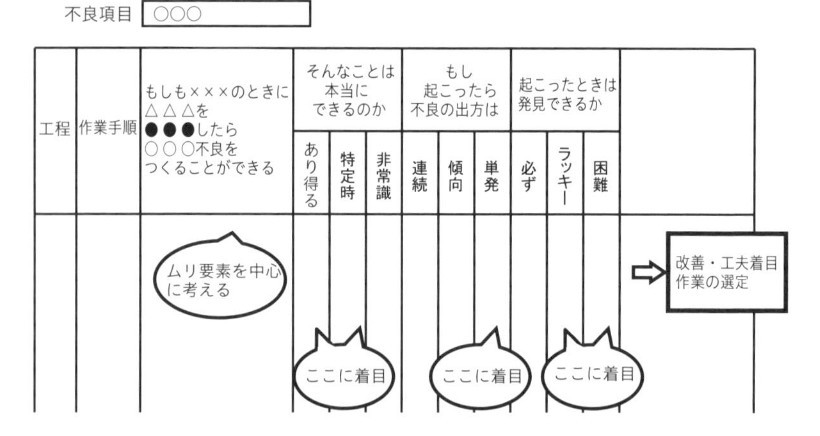

図3.20 「保証の網」検討の手順 （出典 「事例に学ぶ製造不良低減の進め方」）

工程：ボルト類出庫　不良項目：ボルト異品出庫

倉庫作業手順	不良（異品出庫）の起こし方	可能性			発生パターン			発見力			オトシアナ	改善・工夫
		通常	特定時	非常識	連続	傾向	単発	必ず	ラッキー	困難		
1. 出庫伝票の確認	伝票の品名と品番が違う			○								
	伝票が汚れている	○	○				○		○	○	○	
	品番の記載が小さい / 見えにくい	○			○		○		○	○	○	
	客先による伝票様式の違い	○					○		○	○	○	
	品番の下４桁のみを確認	○	○				○		○	○	○	
	複数枚伝票を同時に処理	○	○				○		○			
	…											
2. 棚からのピッキング	棚に異品がある			○								
	棚の表示を勘違い	○					○		○	○	○	
	棚の見誤り　暗い	○				○	○		○	○	○	
	棚の見誤り　思い込み	○					○		○	○	○	
	隣のボルトのはみ出し		○			○			○			
	作業を中断（話しかけ、中座）	○	○				○		○	○	○	
	…											

図3.21 「保証の網」の記載例

Column

■「保証の網」を紹介された文献は、筆者の知る限り見当たりません。原案は1975年頃に豊田合成の担当者が重要問題の発生予防（ゼロ保証）のために、整備が完了した工程に対して生産開始直前に、念のために漏れがないかを検討する手段として提案されたものです。「念には念を入れて…」を意図した活動のため、オールトヨタSQC研修会で保証の網と命名しました。その後、一般不具合の発生予防に対しても有効な手段として活用を推奨しました。

慢性不良（工程能力問題）は、重要な原因系が存在しているため「なぜなぜ」分析が有力ですが、1個不良はその他の要因の何かがそのときだけ変化したなどのことで起きます。私たちはこれをユウレイタイプと呼んでいます。この原因を特定することはほとんど不可能です。逆転の発想で、万が一を起こす「ムリ・気がかり」を発見しようとした考え方が功を奏しました。保証の網を活用した某企業（半導体製造）で、大きな対策をしなくても従来のポカミスを1/50に低減させた例が紹介されました。同社では「ポカミス」という言葉を使わずに、「ムリ作業」というように変更したのです（**図3.22**）。

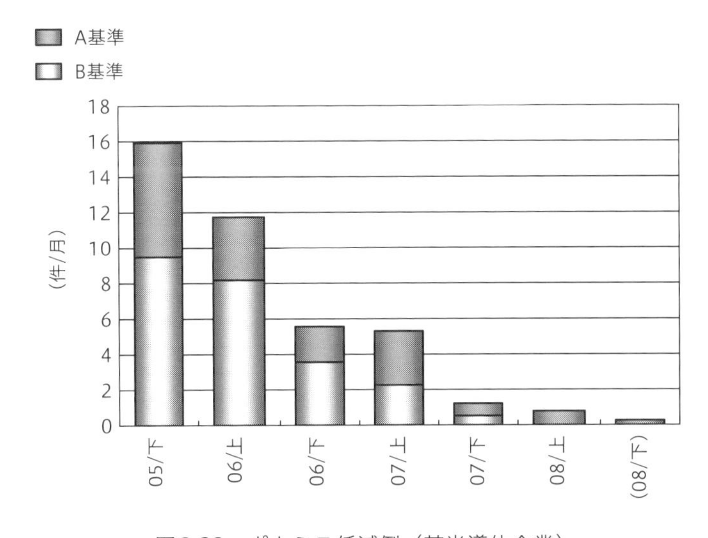

図3.22　ポカミス低減例（某半導体企業）

筆者は世界のいろいろな企業でポカミス低減への挑戦を経験しました。「ポカミスは原因を探ってもわからない」と口癖のように話してきました。データに載らないような作業中の変化がポカミスを発生させます。微妙な変化を最も感じられるのは作業者です。保証の網の作成には、作業者を仲間に入れることが有効です。この活動を熱心にやった企業では、作業者がワイワイに参加したことでイキイキ職場が実現し、ポカミスの大幅減を実現できました。

ポカミスと言うと、どうしても「人がミスを犯した」と考えてしまいます。その結果、「もっと注意しろ！」が対策となります。見方を変えて、ポカミスは作業の中にエラーを誘発するような落とし穴があるために起こると、考えてください。たとえば、

①人間の誰もが本来持っている心理的な特性

②個人差（新人、ベテラン、利き手など）

③エラーを誘発しやすい環境

④いつもと違う状態（緊急時、変則作業、引き継ぎ作業など）

の要素が重なったときに、作業ミスが起きると考えてみます。人は作業ミスを引き起こす構成要素の一つなのです。作業標準から急所作業が減ってくれば（つまり、やりにくい作業がなくなる）、ポカミスも減少するのです。この種の情報が開発の早い段階に、設計者に届いていると安心です。

Column

■　量産段階でやりにくい作業要素を発見するには、不具合が発生したときにワイガヤをすることが有力です。筆者は現場リーダーに、しばらくの間は作業者と会話する際に「不良・ミス・なぜ」を禁句とするように依頼しました。これらの言葉は、作業者に言い訳を強いることになってしまうからです。代りに「何か気づいたことはなかった？」を繰り返すようにしました。いつもと違う変化を感じる中から、「気がかり作業」を発見してくれます。これらの内容が、図3.6の情報として新製品開発で活用されるのです。

3.5 生産初期の活動（特別体制）

重点保証項目は個別にこだわり、一般問題は各ステップの仕組みを充実して取り組む体系が整理できて、いよいよ生産が始まります。完全に取り組んだつもりでも、何らかの漏れや見落としがあるかもしれません。これらを放置しておくわけにはまいりません。新製品に対して、顧客は普段よりも関心を高くして見つめます。不具合があるのなら、一刻も早く対処することが必要です。根本原因をじっくりと探している余裕はありません。応急処置でもいいので早く対応することが問われます。

従来から多くの企業では、初期市場特別体制や初期流動特別体制と称した取り組みがなされていますが、実態は特別に何をしているのかが明確ではなく、単に関心を持って眺めているに過ぎないケースも見受けられます。筆者はこの期間を非常に重要と考えています。

開発時にまったく考えもしなかった使われ方（要求品質整理時に網羅しておきたかったのですが）に基づく不具合や、日常管理として取り扱った中での見落とし、成熟不足などで発生する問題は必ず生じるものです（すべてをカバーしようとすれば開発の活動が全面進軍的になり、かえって不徹底や漏れが発生します）。生産開始初期の間に早く発見し、早く処置を講じていかねばなりません。

通常時よりも市場情報の入手を早める、出荷する製品に対して一刻も早く問題（現象）を取り除いておく、などの活動を準備しておきます。そのための活動が生産初期特別体制です。

ある企業では、設計、生産技術、調達、製造、品質保証、検査などの部署が任命した技術者（主任クラス）が、製造部長をリーダーとするチーム（逆ゲストエンジニア制度）に入り、昨日発見した不具合について即断即決で対応を決めていきます。任命されたメンバーは所属部署の幹部から権限を委譲され、対応策を決めています。サービス部門は毎日、主要販売店に電話などで問題の発生を問い合わせて一覧表にしています（品質レベルが目標に到達した時点で、特別体制を解除します。製造部長は「生産開始から特別体制解除までの日数」

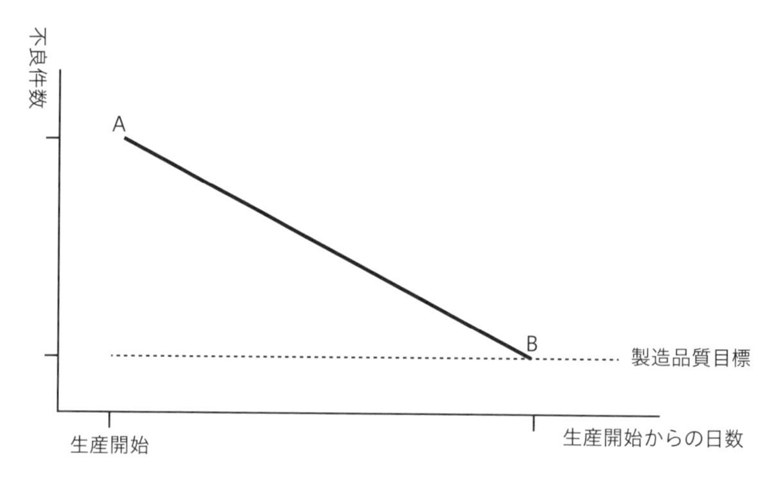

図3.23　初期特別体制の概念

を管理項目としています。情報のスピードアップを図り、統計情報ではなく一件ごとの発生を注目しています。

図3.23に初期特別体制の概念、**図3.24**に初期特別体制の狙いを図示しました。生産準備までの活動が順調であれば、生産開始時の不具合も少ない（A）ので早く安定することが期待されます。AをBに低減させるのは、生産が始まって以降の活動（これが特別体制での活動）になります。出来栄え品質の安定度は、図3.23の三角形の面積で判定できることになります。特別体制の日数が1970年代モデルが30日を要したのに比べて、1990年代のモデルは3日で通過できたと報告された例を拝見したことがあります。

「特別体制日数」は一見、生産技術部長クラスの管理項目のように見えます。生産準備の質が悪いと生産開始直後から苦戦が強いられるので、製造部長は被害者のはずです。生産技術部長は「正規工程・正規設備での問題項目数（正規工程品合格率）」を生産試作時点での管理項目に設定して、生産立ち上げの安定を目指しています。したがって、生産開始以降の活動をマネジメントする目的で、製造部長の管理項目として設定したものです。製造部長が有効なマネジメントをするために、開発に携わった各部門の精鋭をチームメンバーとして指揮下に入れたのです。この企業では従来から生産技術、製造技術、調達先のメンバーが設計へ出向して活動することをゲストエンジニア制度としていたのですが、今回は逆に前工程の技術者が後工程に駐在するので逆ゲストエンジ

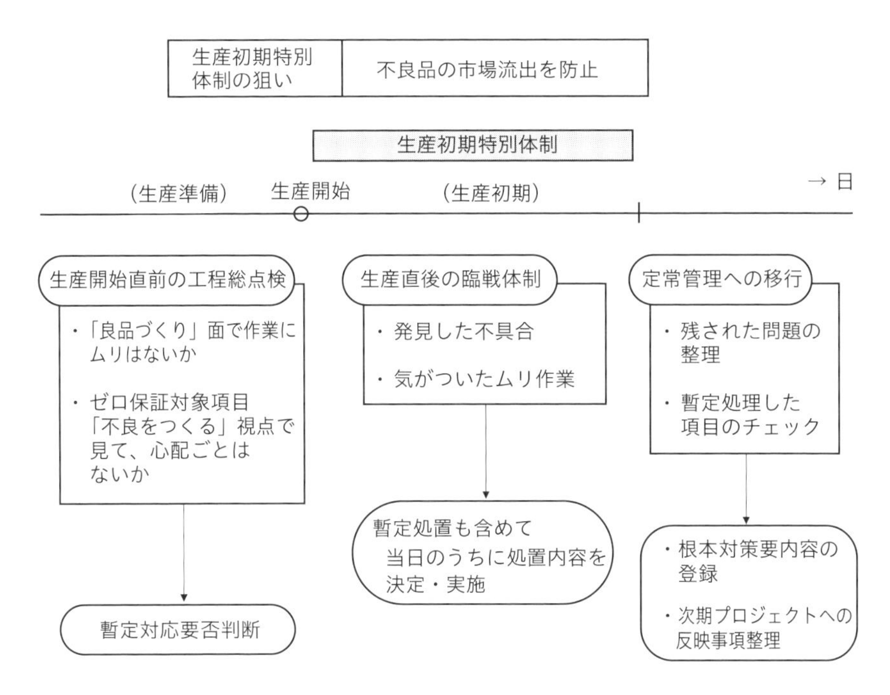

図3.24　生産初期の特別体制

ニアと呼ぶことにしました。どんなことがあっても、不具合を客に渡してはいけません。対策が見えない場合は、ダブルの選別などの手間をかけてでも不良品を流出させないことに徹します。初期特別体制の期間、製造部長は管理項目から生産性の指標を省きます。一刻も早く顧客不満足の解消を目指した活動なのです。

Column

■　筆者は1993年にクライスラー社が発売した「ネオン」の開発時に、特別体制の重要性を説明し展開していただきました。「自慢のコンセプトがあって商品に自信があるのなら、出来栄え不良で顧客をがっかりさせてはいけない」との説明に当時の品質担当役員が理解してくれた結果、かなり早い段階での活動が展開され、以降、同社の開発システムに生産開始時特別体制が標準化されました。

3.6 工程保証体系の仕組み

オムロン岡山で整備された工程保証活動の仕組みを**図3.25**に示します。同社では、クレームゼロの製品を提供するとのトップ方針を、全社一丸となって展開されました。

製品設計から生産工程までを7つのツールで連結し、生産段階では、(不良品を)「受け取らない、つくらない、出荷しない」をキーワードとしたPDCAのサイクルを回すように整備しています。

・品質表（保証機能展開）：設計のアウトプット、公差一覧表
・設計FMEA：設計の検討結果から工程に求められる急所作業事項の抽出
・工程FMEA：設備などの検討結果から工程に求められる急所作業事項の抽出
・部品マトリックス：出来栄え不良に影響する調達部品の明示
・特性別工程管理表：出来栄え不良と工程管理事項（急所、QC工程表など）との関連
・検査マトリックス：出来栄え不良と検査配置・検査法の関連
・QAネットワーク：特性別工程管理表と検査マトリックスの合体。製品規模が小さい場合は部品マトリックスも含めた連結表にする。

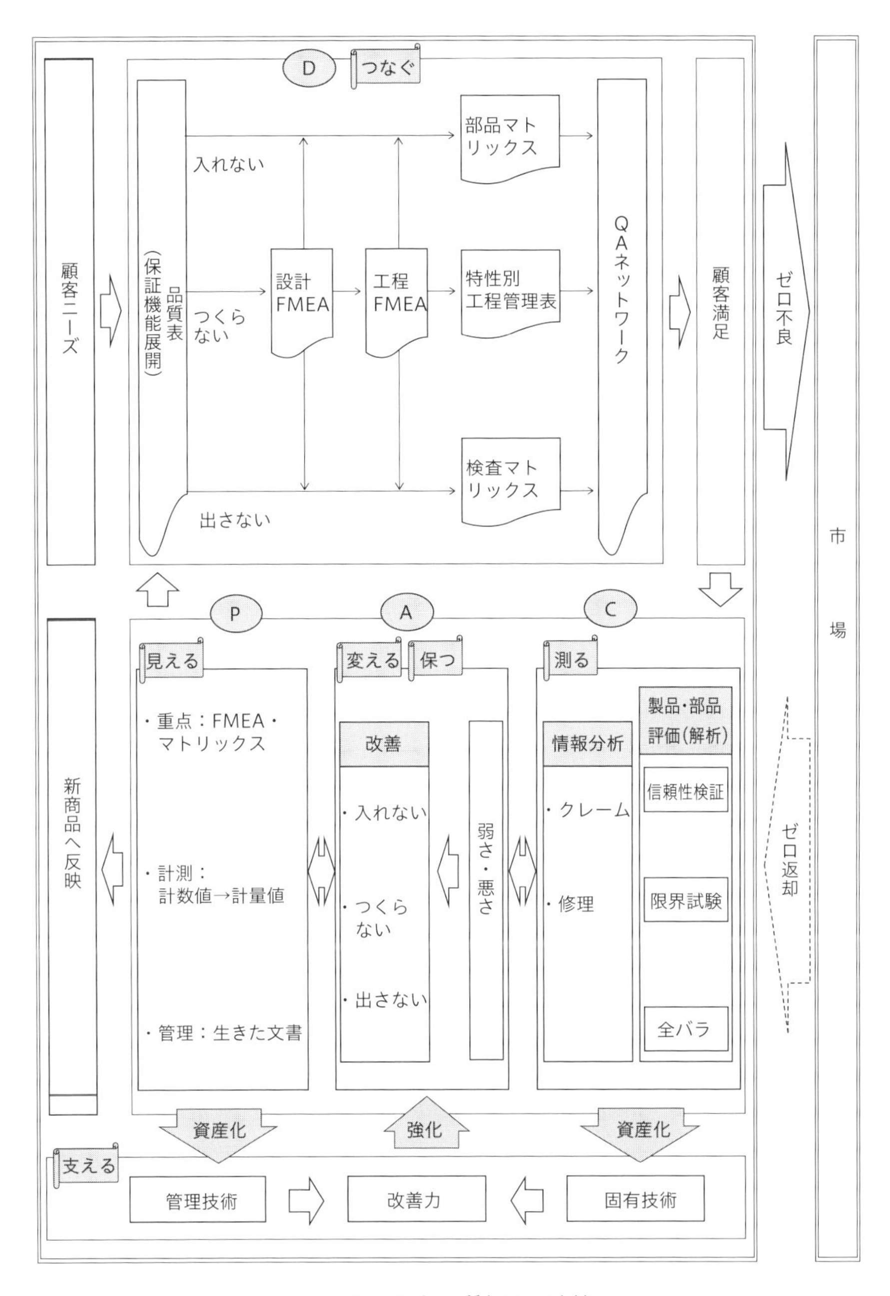

図3.25　工程品質保証の連結

出典：オムロン岡山㈱村中勉氏提供

3.7 活動の期待効果

ここまで効率的な展開について検討を重ねてきました。QFDでは企画から一貫した品質特性のトレーサビリティを重視していますが、本書ではこだわらずに、効率的な活動のための留意ポイントを説明しています。QFDは手法ではなく、仕事の仕組み論としてとらえることが必要なのです。QFD生みの親でもある赤尾氏が「開発管理工学」と呼んだ通りです。QFDの仕組みには2つの哲学が流れています。

①徹底して顧客の立場を重視せよ

②持てる固有技術を有効に結合して最大効果を確保しよう

一見、当たり前のことに見えますが、この当たり前を実践するためには関係者が共有できる仕事の進め方が求められます。一つの解がQFDであると考えてみたらいかがでしょうか。

Column

■ 筆者は1979年モデルでQFDの展開を提案しました。当時は参考とさせていただく文献や事例もないので、独自の展開となっていました。開発ステップ間の連携手段として品質表を採用しましたが、一つの品質特性の展開について、[企画—評価法—設計—生産準備—生産工程—検査] の連携に16枚の品質表を連結させました。前ステップのアウトプットを次ステップのインプットに表現を揃えたため、共通の認識で引き継げる有力な方法となりました。ところが、反省会では関わったメンバーから手間がかかり過ぎるとの意見が出されてしまいました。そこで1枚ごとに意義を確認して、

・要求品質の確認、要求の詳細内容には品質表が有力

・機能の展開では、重点にこだわって系統図（R-FTAやFTA）を活用すると判断し、以降は「16枚の品質表」から「1枚の品質表と系統図」の活用に変更して展開の簡素化を図りました。

以降、国内、米国の企業のみなさんと検討を重ねた結果としてFukuhara　Method が誕生したのです。

仕組み論であれば、哲学を共有できていたら進め方は自社の扱う製品・会社の文化などに合致するよう、工夫することが肝要です。

本書では、重要特性への重点指向（こだわり活動）と今まで通りの展開（日常管理）に分けて、活動のメリハリをつけました。すべてを漏れ・落ちなく網羅しようとすれば活動量が膨大となり、かえって不徹底が起きてしまいます。今までもほぼうまくやってこられたのですから、「これほどうまくできているのが当社の実力ならば、もっとうまくやれるはず」と考えた方がよいのです。「重点項目には妥協を許さずにこだわり活動を、一般項目には従来の活動の延長線でたゆみなき改善活動を」の視点で仕事の進め方を見つめています。

QFDの展開で期待される効果を列挙します。カッコ内は指標の例を示します。

ｉ）全体での効果

・顧客満足度が上がる（企画目標販売数）

・クレームが防止できる（市場クレーム発生件数）

・重要品質問題が防止できる（重要品質問題発生件数）

・製品原価が低減する（原価目標達成率）

・開発期間が短縮する（開発大日程進捗度、遅れ日数）

・部門間連携が良くなる（連携不足に起因するトラブル件数）

・技術ノウハウが蓄積（伝達）できる（技術標準整備率）

ⅱ）製品企画段階の効果

・要求品質を客観的に整理できる（新製品顧客満足度）

・競合品との優劣が明確になる（顧客重視要求劣位項目数）

・セールスポイントの納得性が得られる（ヒット率）

・重点とすべき品質特性が明確になる（顧客重視要求項目劣位件数）

・目標が顧客要求と対応して立てられる（企画目標変更件数）

・品質目標が定量的に設定できる（企画目標変更件数）

・ネック技術が明確になる（ネック技術解決度）

・品質とコストのバランスを取った展開ができる（原価目標達成度）

・再発防止すべき項目が明確になる（PPC項目反映率・カバー率）

（注：PPC：Pre Product Check）

ⅲ）製品設計段階の効果

・目標達成の時期が早くなる（主要品質目標達成度）

・後ステップへの問題持ち越しが減少する（設計問題解決率）
・サブシステム、部品の重要性が明確になる（主要品質目標達成度）
・ネック技術の解決活動が前出しできる（ネック技術解決度）
・作りやすさのポイントが絞られる（製造PPC項目反映率）
・DRの重点が明確になる（DR 指摘もれ件数）
・生産準備の重点を明確に伝達できる（生産準備問題解決率）
・設計でのコストダウンが促進される（原価目標達成率）

iv）生産準備段階の効果
・工程能力のネックが明確になる（工程能力達成率、工程整備率）
・作りやすさの追求ができる（生産初期工程不良件数）
・工程の重点、訓練ポイントが明確になる（作業習熟度）

第4章

コストの取り組み（原価企画と原価低減）

新製品開発の段階で品質とコストの両立を検討する場合は、品質向上のために生じるコストアップ分も吸収しなければなりません。

従来のQFDでも、コストに関する考察を示す文献はかなり多くありますが、サブシステムの計画が固まった時点での展開が中心になっている傾向が見受けられます。この時点になると、コストアップ分の吸収をも含めた原価を論じることは困難です。

したがって、魅力の追加により考えられるコストアップ分も含めて原価を検討するためには、原価を企画する段階から考慮する必要があります。

本章では「原価をつくって（原価企画）、さらに低減する（原価管理）」ためには、品質とコストを同時に検討開始することの重要性とその考え方を説明します。

4.1 原価の課題

良い品質の中には、適切なコスト（割安感）も含まれることは第1章で説明しました。顧客にとっては狭義の品質が良いとともに、ライフサイクルコスト（イニシャル+ランニング+廃棄処理コスト）が安いことも大きな関心事です。ランニングコストや廃棄のコストは、第2章の要求品質表で検討することが可能です（「燃費が良い」「長く使っていても故障しない」「劣化しない」「どこにでも捨てられる」「修理しやすい」などで、サービス体制については別途ビジネス展開が有効)。しかし、イニシャルコストは要求品質表で検討することには危険が伴います。

顧客は良い品をできるだけ安く手に入れたいのですから、要求品質とコストを並列に見ることはできません。「コストの関係で○○の品質レベルはあきらめてください、我慢してください」では、顧客は納得してくれません。顧客は要求する品質レベルが確保された製品を、納得できるプライスで手に入れることを望んでいます。

一方、つくる側からすれば利益を確保しなければなりません。遠い昔でしたら、「原価+利益」で販売価格を決めることもできました。市場がそれを許していたのです。しかし、市場にものが豊かに供給される現代の市場では、顧客が適切な値段を判定します。

「このレベルの製品だったら、これくらいの値段であれば買ってもいいかな」と顧客がつぶやきます。値段を決めるのは提供する側ですが、それが適正かどうかは顧客が判定します。つまり、「値段−利益」で原価目標を設定しなければなりません（スタートが販売価格となります)。

利益と原価は、市場適正価格を前提に検討しなければならないのです。市場が受け入れてくれる最高の値段を知ることが、利益・原価を検討するために重要なことなのです。とかく営業サイドは「これくらいの値段でないと競争できない」と市場の最安値を主張します。その結果、原価の計画に厳しさが増します。「これくらいの値段だったら売ってみせる」と最高値を提示してくれたら、利益計画と原価計画のバランスを検討しやすくなります。

要求品質が高度化するに従い、製品原価が高くなる傾向が続く中にあって、従来の原価低減活動のみで市場満足を確保することはかなり困難なことです。品質レベルアップで発生する原価アップ分をも吸収した原価低減が求められます。従来からコスト問題に関しては、「原価低減」を主体とした活動が提起されるケースが主体でした。つまり、材料・構造などの方向が固まった時点から原価低減活動を始めるので、これでは活動範囲が限られ、ダントツの低減には限界が生じます。

「コストを創る」から考えてみてはいかがでしょうか。「良いコストを創って（原価企画）、下げる（原価低減）」のです。品質は創ると言う一方で、原価は下げると言ってしまいます。原価も創るから考えてみるのです。前者をCCR（Creative Cost Reduction）、後者を原価改善（Cost Reduction）と言い分けて展開します。原価企画は技術開発・製品企画・構想設計まで、原価低減は詳細設計以降の活動が重点となります。

図4.1に原価管理の体制例を示します（トヨタ車体の例）。原価企画と原価改善（低減）の位置づけが見えると思います。

従来からQFDでも多くの文献で、コスト展開が説明されています。しかし、その多くは原価配分、原価予測への展開が主体です。

従来、製品のサブシステムに対して目標原価を実績原価で按分し、目標を与える式の展開が謳われています。うっかりすると、最も原価の高いサブシステムに最も多くの原価低減目標を与えてしまいます。一見リーズナブルに見えますが、例えば、レンズが自慢のカメラでレンズを大幅に原価低減しようと挑戦することは、適切とは言い切れません。せっかくのセールスポイントをなくす危険性があるからです。

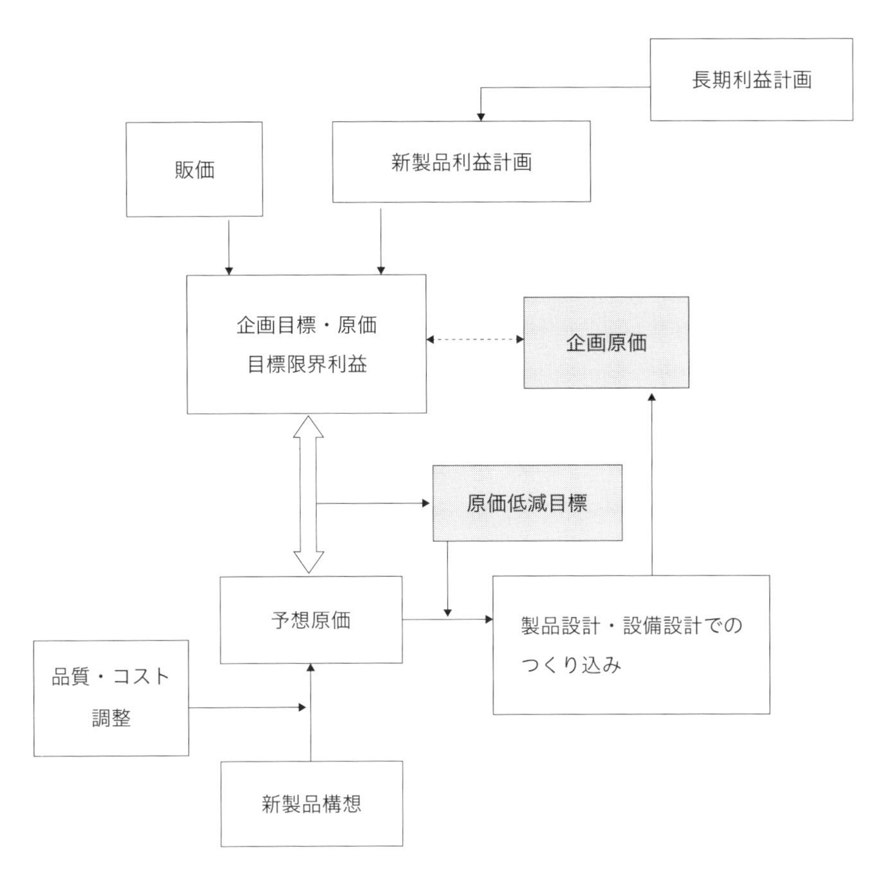

図4.1　開発段階でのコストつくり込み管理

出典：トヨタ車体の例：機能別管理活用の実際から引用

4.2 原価を創って下げる

安定した売上を確保するには、良い品をリーズナブルな価格で顧客に提供し続けることが唯一の道であることは、繰り返し述べてきた通りです。利益を確保するには、顧客が受け入れてくれる価格で販売しても利益が得られる、つまり、原価力が伴っていなければなりません。品質第一を強調してコストを無視しても、顧客は納得してくれません。また、素晴らしい品質レベルを実現しても販売すればするほど赤字が増える（原価が高過ぎる）ようでは、企業は存在し得ません。だからと言って販売価格を異常に高くすると、一部のマニアのみが納得する商品でしかなくなってしまいます。

高まりを続ける市場要求に応えるために、新しい技術を採用したり新しい魅力を追加したりするなどで、新製品の原価はどんどん上がる方向にあります。顧客が受け入れてくれる価格には限度があるので、上がる原価を何とか抑える

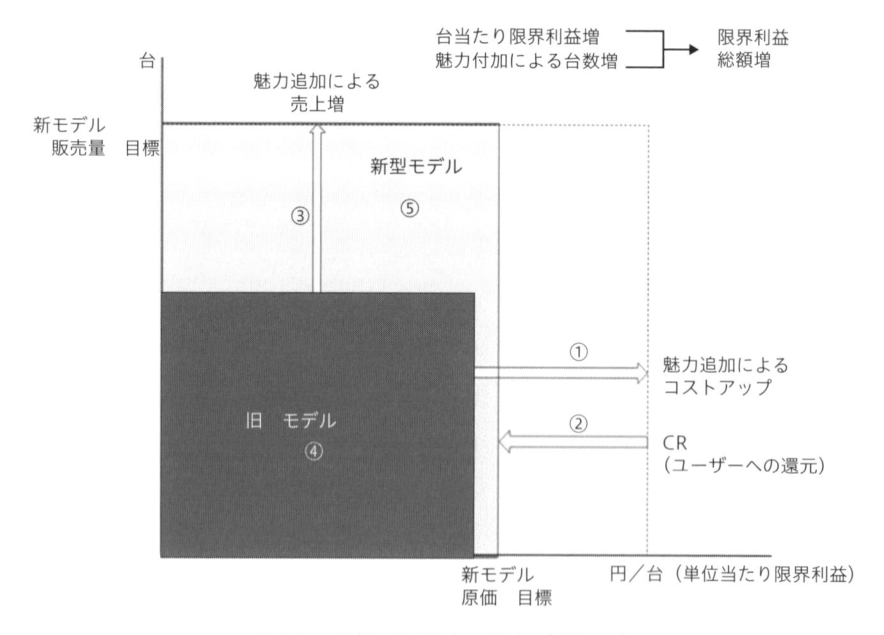

図4.2　原価目標設定の概念（考え方）

活動が必要なのです。**図4.2**に概念を示します。顧客の要求する品質の製品を、目標原価で実現させるという考え方を確認してください。

①要求の多様化や高度化に対応するために、原価が大幅にアップすることが考えられる

②アップしそうな原価を顧客が納得してくれるレベルにまで下げて（これが顧客への還元）、原価目標を設定する

③顧客満足が確保できるので販売増が期待できる

④、⑤旧モデルでは④の面積（単位当たり限界利益×販売台数）が、新モデルでは⑤の面積に拡大する（利益増）

図4.2では製品1個当たりの利益ではなく、当該商品のモデルライフの総売上で利益を確保する考え方をしています。

目標販売量の設定は、企画リーダーが市場戦略を図る際の専管事項として、検討されているはずです。仮に目標と実績に30％以上も乖離があったとすれば、これはもう市場予測とは言えないレベルと考えざるを得ません。目標達成率70％以上をヒット商品と考え、市場が受け入れてくれる最高販価で目標利益が確保できるように考えると、ありたい目標原価が算出されることになります（この目標が**図4.3**に示されています）。

図4.4に原価目標の配分イメージを示しました。目標原価をサブシステム－部品の原価へと配分します。

製品品質目標を満足させながら原価を創ると言っても簡単なことではありません。設計者にとって品質を向上せよ、コストも下げよと言われても両立には限度がある、どちらを優先せよというのかと思いたくもなるでしょう。一つひ

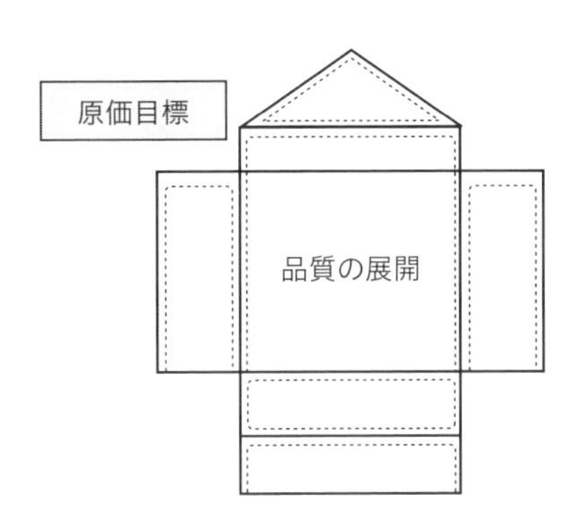

図4.3　原価目標の位置づけ

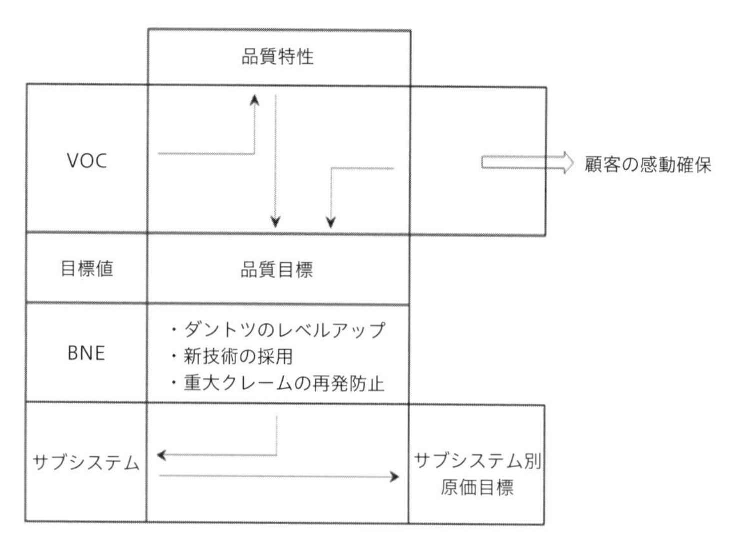

図4.4　原価目標の配分

とつのサブシステムや部品の単位で議論すると、ついついそんな言葉も出てきます。ここで、設計者が検討しやすいように目標の配分を工夫します。具体的には、活動の重点を2つに分けて目標の配分を検討するのです。

①品質ネックの項目については品質確保に邁進する。いくつかの達成法案を検討した上で、最も安くできそうな方法を選択し成熟を図る（品質優先）

②日常管理的に展開する項目についてはコストを優先し、品質レベルが大きく低下しない範囲でコストダウンを図る（コスト優先）

生産拠点を海外に移すとか、新工場を稼働させるので償却コストも含めて考えるなどは、個別製品の企画よりも前に検討されている（中長期事業計画などで、個別製品企画で検討していると時間的に間に合わない）ので、本章の原価

Column

■　品質を確保する手段は一つとは限りません。品質表にも示される通り、一つのVOCにはいくつかの品質特性が関係しています。これらを組み合わせて目標達成を目指したらよいのです。重点の品質目標には有識者が知恵を絞り、いくつかのアイデアを出し合う活動が重要です。西堀氏の「対策案は『これしかない』は禁句」を思い返してください。

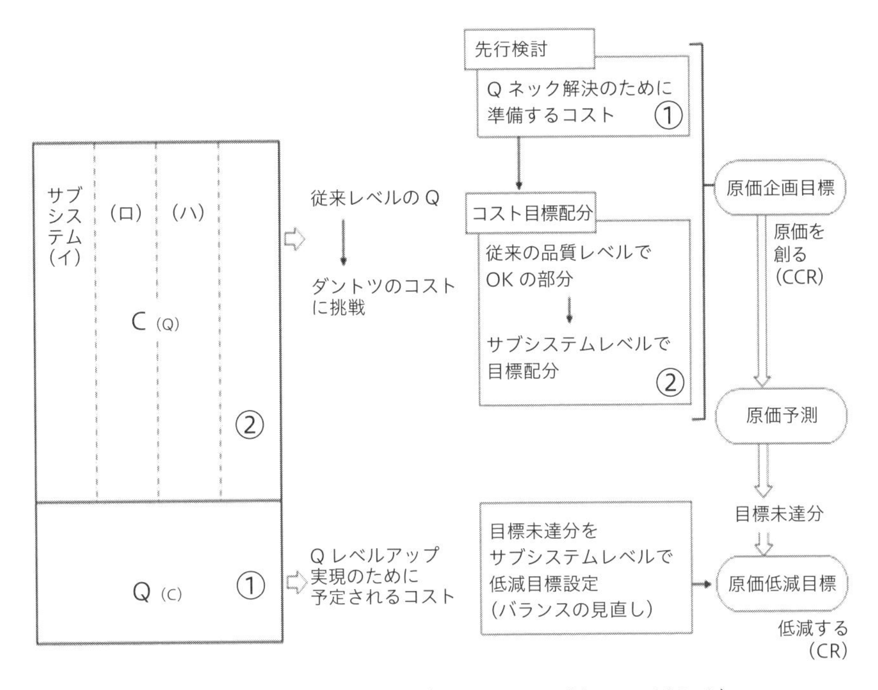

図4.5　原価のつくり込み（目標の配分：創って、減らす）

はこれらの方向が定まった以降の製品原価についての検討となります。

図4.5に目標配分の考え方を示します

単純にサブシステムに配分するのではなく、まずは①の重点品質特性については、コストを考えずに品質を満足させる案を考えます。複数案の中で最も低コストで実現できそうな案の採用を決断し、そこで要する原価は低減対象から外します。目標原価の中で重要品質に要するコストを除いた残りを、過去の経験をベースとした原価低減対象活動分とします。いわば、重要品質特性は「品質あってのコスト」を、その他の特性には「許されるレベルの範囲でダントツのコストダウン」を目指すのです。②の分野はとりあえず現製品の持ち原価で按分した目標を提示しておき、案が出たところで目標達成可否の予測をします。不足する原価を改めてサブシステムに配分し直します。

①の検討は製品企画DRの前に済ませておきたい、つまり、先行検討で方向を示さなければなりません。企画DRの後では制約事項が多くなり、活動範囲が狭まります。これでは、原価低減の方策がどんどん後工程にしわ寄せされて

しまいます。最悪の場合は目標利益をあきらめなければなりません。開発が始まった時点で目標をあきらめる活動は感心できません。品質第一とコスト第一を両立させるには、品質とコストを同時に検討開始しなければならないのです。目標達成の可能性を共有できるような企画DRが必要です。

(1) 品質重点項目の展開例（図4.5①の対応）

品質重点項目に対しては目標達成の法案を検討します。品質表で関連する品質特性が明確になっているので、これらの関連性を検討して解決すべき点を絞り込みます。

図4.6は、ネック項目の展開にR-FTAを利用した例を示しています。絞り込んだ項目に対して対策案を数種類考案し、案の優劣を「品質面での効果の大きさ」「対策実施の難易度」「コスト面での優劣」などで評価しています。図4.6では、2つの対策案について評価した例を示しています。この例ではB案が有効に見えますが、もしもA案で信頼度の△を○にできるアイデアがあれば、A案の方が良いということになります。この△を○にする対策案を検討するのが、先行検討テーマとなるのです。有知識者の知恵を結集して解決を図ります。ムリであれば、B案で我慢しなければなりません。

R-FTAは、作成したら解法が選択できるのではなく、知恵を集中すべき項目を明確にするための道具なのです。選択された対策案でのコストを予測して、これを顧客満足のために準備すべきコスト（原価）として計上します。

Column

■　繰り返しますが、すでに良い品質の製品を市場に出しているのですから、新製品で重点とすべきVOCや問題がたくさんあるはずがありません。心配のあまり、あれもこれもと重点とすべきテーマを設定すると図4.5の①部分が増え、②の活動に過大の負荷をかけます。結局、ダントツの原価低減はムリとなってしまいます。

重点指向は、多くなればなるほど徹底が難しくなります。品質上の重点とすべきVOCや問題を勇敢に絞り込む姿勢を勧めます。

図4.7に、CCR（コストのつくり込み）に対する某社における対策別効果の

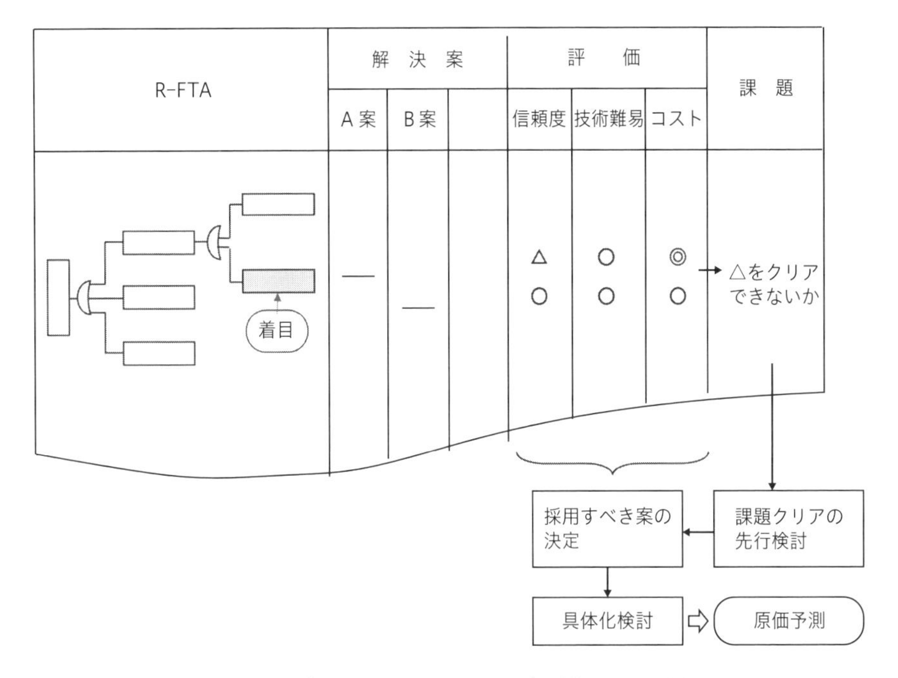

図4.6　ボトルネック技術項目（品質）の展開例

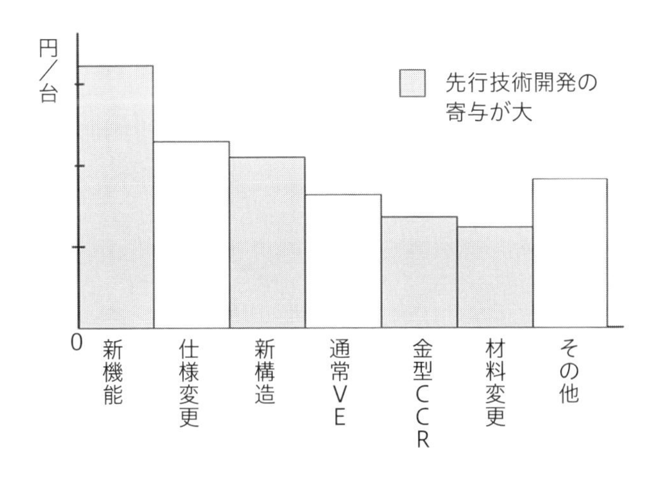

図4.7　CCRの成果例（某社：新型モデル）

例を示します。先行技術開発の寄与が大きいことがわかります。技術開発のステップであらかじめSeed技術として蓄えておけば、品質とともにコストに対しても大きな成果を生むことがわかります。

⑵ 一般項目の展開（図4.5②への対応）

一般項目については、目標原価から①の品質重点項目対応費用を除いた分に対して現状製品の原価実績をベースに、サブシステムに按分して仮目標を与えることを説明しました（図4.4、図4.5）。品質表で説明を加えた通り、顧客要求品質レベルには範囲があります。品質要求度が高くはないVOC の充足レベルは競合並みで十分ですので、もしも現状が対競合比優位だったらこれを競合並みにすることで、原価が大幅に下がるのであればチャンスは大きくなります。量産段階で努力されている原価低減活動に加え、品質レベルのあり方にも目を配って活動することが大切です。

各サブシステムの原価低減策が出された時点で全体の原価予測ができます。目標を満足するレベルであれば結構なのですが、未達のケースが一般的です（満足している場合はむしろ目標が甘いと判断されます）。サブシステムごとの目標達成率で余裕のあるサブシステムと苦戦しているサブシステムを見渡し、全体で不足する原価低減額を配分し直します。この時点ではほぼ構造などが固まっているので、活動範囲は量産段階でも努力している原価低減活動（ムダ取りなど）と同じレベルの活動が中心となります。

必死に活動しても原価目標に到達し得なかった場合、目標不足分を販売価格に転嫁することは顧客にとって迷惑であるため、利益目標をダウンしなければなりません。その結果、原価割れするのでは意味がありません。宣伝用の商品ならともかく、売れるたびに損失が増える製品を市場へ出すことはできません。某社では、利益計画を製品のモデルライフ期間の販売量（総売上）、つまり、（価格×総売上個数）で利益計画を設定されています。その上で、企画目標個数（販売量）達成率が70％であっても赤字にならないように、原価目標を定めています。売上実績が目標の70％以下であった場合は、市場の読みができていなかったと反省するしかありません。

すでに説明した通り、企画の際に営業サイドからこの品質レベルの製品だったらいくらで売ることができるか（顧客が納得してくれる最も高い値段）の情報を得ることが、肝要である意味がここにあるのです。

第5章

新規製品の開発

昨今、新規市場を目指す製品開発を指向するケースが増えています。新規市場を対象とした製品では対象が未定であるため、顧客の要求に応えるという概念は通用しません。一方で、自社の得意な技術を生かした商品を提供すれば、競争力のある感動商品を確保できる期待は膨らみます。

本章では、自社の保有する技術内容を生かした製品開発において、顧客の感動を確保するためのQFDアプローチを提案します。特に新しい活動を提起したものではなく、従来から展開されていた内容を仕組みとして整理したものです。筆者たちはこれを、アドバンスQFDと名づけています。

5.1 新規市場対応の着眼点と戦略

図2.1を再掲し、開発の狙いを復習します。QFDの要求品質展開は、自社にとって市場が見えている製品を対象として検討されてきました。既存製品分野で「置き換え需要・品種拡大」を狙った製品の企画に対して要求を把握し（潜在を含む）、それらを充足する製品で顧客満足を確保しようとする展開、つまり要求への適合を目指しています（図2.1の㋑部）。しかし昨今、多くの企業ではまったく新規の市場に進出する商品企画が検討されるようになりました（図2.1の㋒、㋓部）。

まったくの夢を描く世界であれば、個人の閃きから商品を企画してもいいかもしれません。鋳物屋さんが「最近はラーメン屋が人気を博しているから、当社もラーメン屋を開店しよう」と考えるのも多様性があって面白いのです。しかし、閃きはギャンブル性が強いという危険性が残ります。多くの従業員を抱えた企業では全面的に勧めることはできません。長年技術を誇って製品を提供してきた企業が製品分野を広げるには、従来から培ってきた得意技術を生かした市場を企画した方が成功確率は高いはずです。

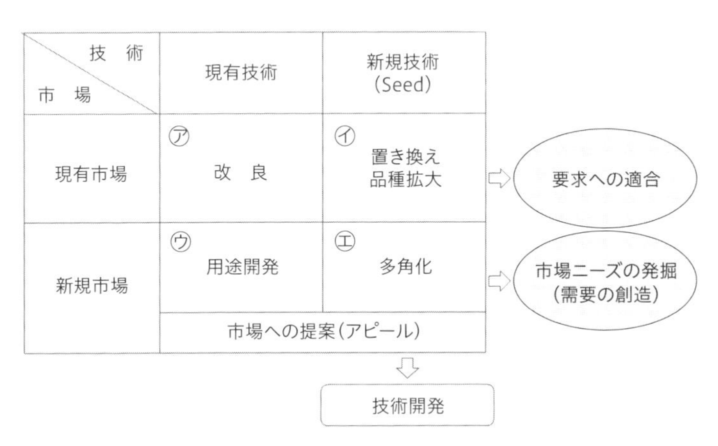

図2.1（再掲）　新製品開発の狙い

出典：宮村鐵夫氏講演資料から抜粋

新規市場では、

①どんな市場に進出できるか

②すでに他企業の製品が市場に出回っている場合は、同じレベルの製品で勝負できるのか（要求への適合で良いのか）

など、従来とは異なるアプローチが必要になります。①が明確にならないと、「顧客の要求を把握する」こと自体が成り立ちません（顧客の対象が決まっていないので）。また、②からは市場に特徴となる要素をアピールして、顧客の関心をこちらに向けさせる市場戦略で「需要を創造する」気構えが必要でしょう。

筆者らは数年前から、新規市場へのQFD適用を検討して3種のアプローチを整理しました。まだ数社でしか適用例は発表されていませんが、今後はニーズが高まると思われるので以下に紹介します。

Column

■　新規市場向けQFDの展開については、有限会社アイテムツーワンの自主研修会（どうする会）での検討、参加メンバー会社でのシミュレーションを重ねて感触を確かめてきました。徐々に関心を持つ企業が増えてきているようで、クオリティフォーラム22のQFDセッションで発表された水島プレス工業、リコーの2例はともに新規市場向けの事例でした。最近はIDEA社が「シーズドリブンQDプログラム」の中に取り込み、いくつかの企業で展開された例をTRIZシンポジウムなどで公開しています。

図5.1に、新規市場へのQFD アプローチの3タイプを示します。企業の市場戦略に応じて使い分けを検討してください。

5.1.1　提案型（タイプ1）

自社の保有する技術を生かした製品を企画して、市場に良い意味でのサプライズを提供しようとする考え方です。技術力を生かした製品ですから、市場競走でも優位に立てる可能性が高いはずです。**図5.2**に検討の流れを示します。

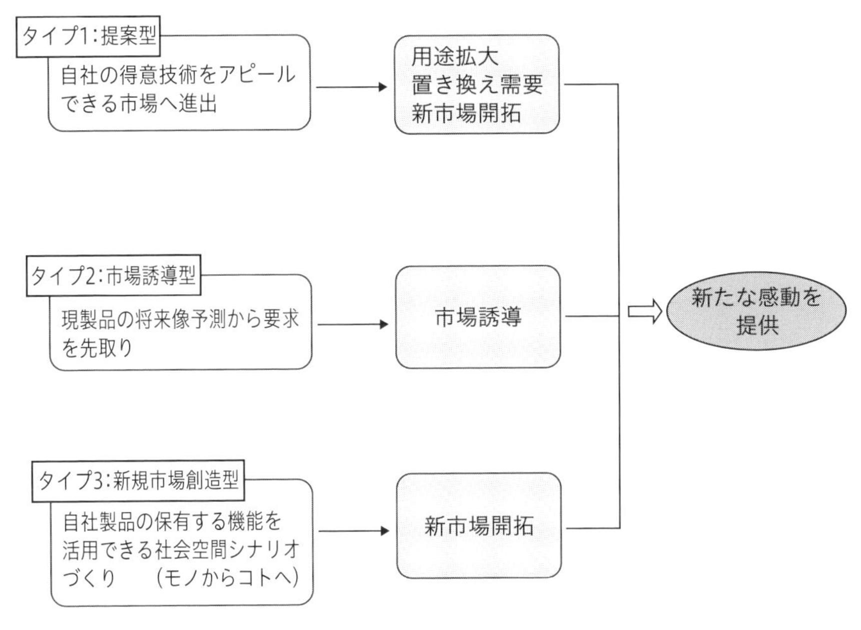

図5.1　新規市場開拓の企画

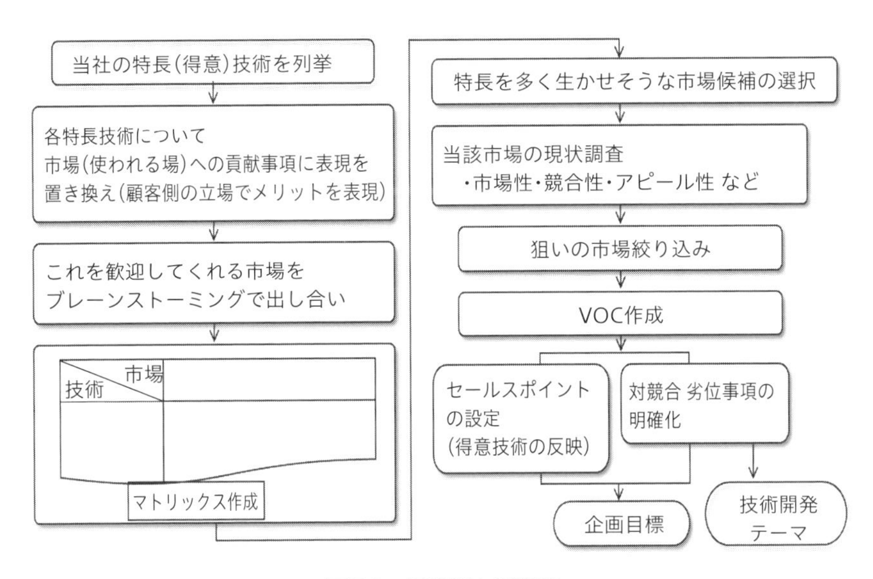

図5.2　提案型市場戦略

①当社の保有している他社よりも優れている技術を列挙します。

②技術の内容を使われの場（市場）でのメリット言葉に置き換えます。技術用語は生産者側の表現であるため、これを原始情報として顧客への貢献事項を考えるのです。

③②の貢献事項（一つひとつについて）を歓迎してくれそうな市場（製品）をブレーンストーミングで出し合います。

④②と③をマトリックスに整理します。

⑤特徴を多く生かせそうな市場をいくつかピックアップします。特徴を多く生かすことができる市場は優位に立てる（セールスポイント・アピールポイントを主張しやすい）可能性が高いため、進出の候補市場とします。

⑥⑤で抽出した候補市場について市場性を検討します。市場規模の大きさ・成長性、競合の進出状況、当社技術を適用した際の話題性などを整理して対象市場をさらに絞り込みます。

⑦絞り込んだ市場・製品について、VOC（製品全体の）を創作して要求品質表を作成します。

⑧セールスポイント対象VOCの対競合差別化の程度や、他に準備すべき技術開発項目がないかを検討します。

⑨⑧の結果に基づいて最終的に進出対象市場を決定し、製品企画に入ります。

顧客が専門家（プロのカメラマンなど）であれば技術を買ってくれるケースも多いのですが、多くの顧客は技術を買うのではなくて、技術の結果得られるメリットを買っているはずです。したがって、①、②で技術の内容をVOC表現（顧客の世界）に置き換えて考察しています。いわば、通常の要求品質展開とは逆に技術から市場をつくると考えています。

Column

■　プロのカメラマンに「どんなカメラをお望みですか」と尋ねると、「闇夜のカラスを写したい」との答えが返ってきました。技術的に困難であることを承知しているからの発言でした。プロの要求は、ＶＯＣというよりは技術開発への要望ととらえられました。

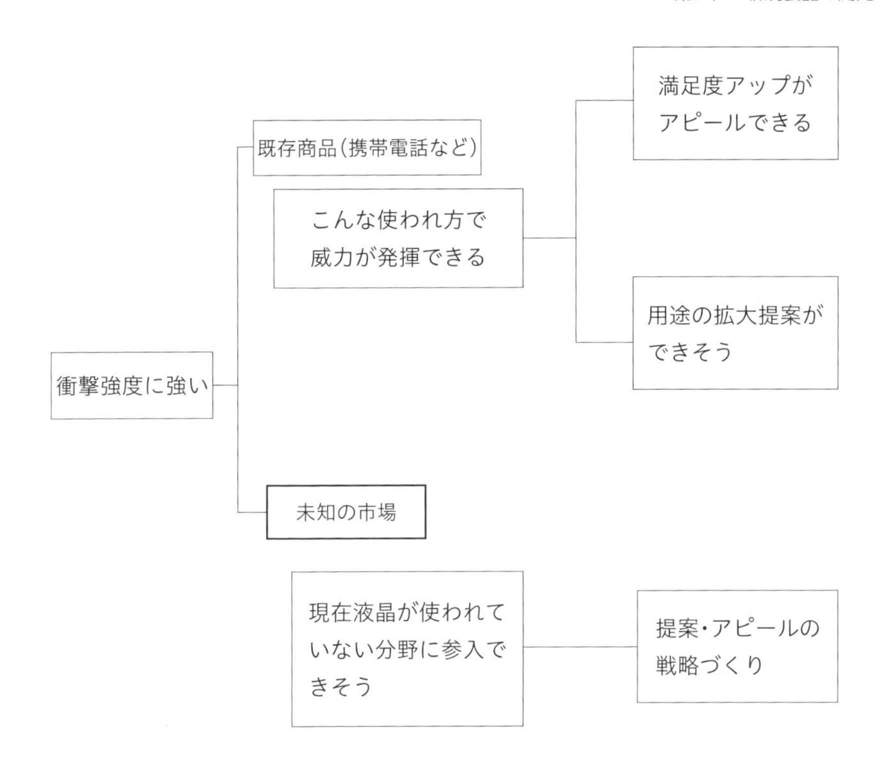

図5.3　展開のイメージ

[事例紹介] ディスプレイ活用市場の開拓

某ディスプレイメーカーで検討した例を紹介します。本例は、同社の営業企画部門の若手社員が研修で実施したものです。先入観にとらわれずに、自社の技術を生かすことができそうな市場の探索を体験しました。

ⅰ）当社の得意とする技術の確認とVOCへの置き換え（手順①、②）（図5.3）

業界トップレベル：コンパクト（薄い）、耐衝撃（落としても壊れない、加圧しても壊れない）

業界同等レベル：可曲（円筒型、瓦せんべい型：どこから見てもきれいな画面）

ⅱ）歓迎してくれる製品をブレーンストーミング（手順③、④）（図5.4）

iii）技術の特徴を生かすことができそうな市場候補を選定し、それらの市場性を検討（手順⑤、⑥）

iv）選定した狙いの市場について個別要求品質表を作成（手順⑦）

本例では**図5.5**の候補市場について個々に要求品質表を作成し、ほかに必要な技術開発項目はないか（手順⑧）を検討し、最終的に対象市場の優先順序を定めました（手順⑨）。この手順は従来製品の展開と同様なので、詳細は省略します。

タイプ1（提案型市場戦略）は今回が初めての提案ではありません。過去に多くの企業で、これと同じ考え方で商品化された例を見ることができます。展開の仕組みを見える化したものです。

[過去にタイプ1の考え方で生まれたと思われる新製品の例]

①バルブ製造企業：油圧電磁弁専門メーカーが「制御技術で社会に貢献」をスローガンにして、バルブ技術から半導体製造の低高温チラー、精密空調チラー、次世代エネルギー（超高純度空気供給システム）、人工衛星の地表帰還時姿勢制御用バルブなどを商品化

②舟艇製造企業：FRP技術を活用して、庭石、鳥居、モーグル用ゲレンデのこぶなどに進出（軽い、強い、加工性が良いから工事期間の短縮に貢献）

③レンズ製造企業：視覚の技術から医療（無接触血糖値測定）に挑戦

④金属材料製造企業：高硬度・高引張強度・対腐食性を強調して自動車・宇宙産業への進出を企画

5.1.2 市場誘導型（タイプ2）

自社の扱っている製品の将来像をワイガヤします。「この製品は、10年先にはどんな形になっているだろうか」をブレーンストーミングのように出し合います。社会の変化や用途拡大などをもとに当該製品の進化をイメージします。出されたイメージをもとにして自社の得意とする分野に、顧客の関心を誘導するためのパイロット商品を5年を目途に企画します（**図5.6**）。

製品について10年先をイメージすると、多くの場合は当該製品のシステム化（用途拡大）が登場します。この結果をヒントにして、便利さの拡大や他製品の発案に結びつけることができます。

歓迎されそうな市場 ＼ コア技術	携帯電話	リスト携帯	ノートPC	広告（電車）	広告（柱）	クリアファイル	テーブル	車フロント	車インパネ	エンタ衣装	自販機	壁紙	以下、略
薄い	○	○	○		○	○		○					
衝撃に強い	○	○	○		○	○	○	○	○		○	○	
可曲		○		○	○	○	○	○		○	○		
きれいな画面					○								
狭額													
新規性		○	○	○		○		○		○	○	○	
置き換え	○				○		○		○				

図5.4　市場候補の検討

	市場性	話題性	成長性	独自性	候補市場
デジタル カメラ	大	大	→	大	
PC	大	中	→		
携帯電話	大	中	→	大	○
広告/表示板	大	大	↗	大	◎
車載	大	大	↗	大	
医療	小	大	↗		
インテリア（テーブル、壁掛け）	大	大	↗	大	
アミューズメント/スポーツ	大	大	↗	大	
ファッション（ネクタイ、バッグなど）		大	↗	大	
文具（書籍、ノートなど）	大	大	↗	大	◎
自販機	小	小	→	小	

図5.5　狙いの市場選定

[事例紹介]

某輸送用機器器具製造会社（ステアリングシャフト、ドアヒンジなど）の例（本例は、QFDフォーラム2022で発表された内容を紹介）

●当社の得意な技術：スウェージング加工（中空シャフト）

・加工硬化で強度アップ、・表面処理不要、・真直度が保てる、・高精度内径

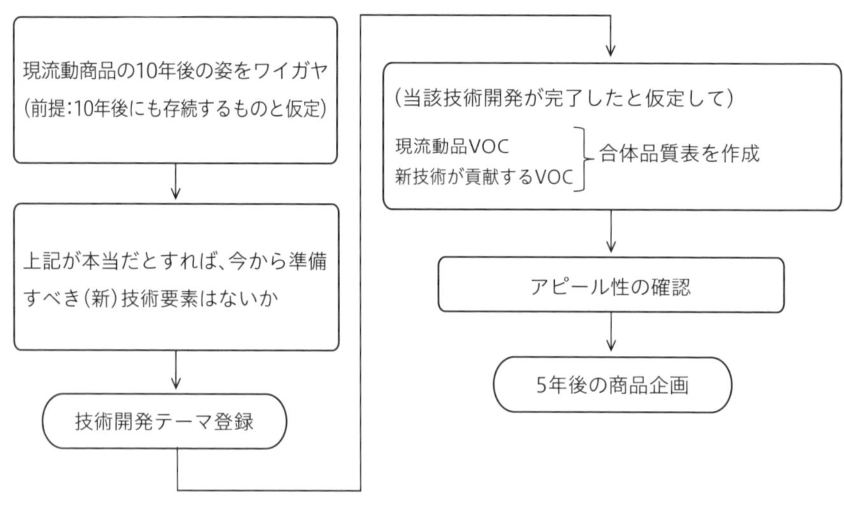

図5.6　市場誘導型

加工など

●検討の手順

①トラック用ステアリングの将来（10年後）をワイガヤ
（例）自動運転、電動化、チルトキャブ

②将来、ステアリングシャフトに求められる内容を検討（回転によるトルク伝達、スライドなど）

③当社得意技術を活用した製品ができないかを技術陣のワイガヤ

ヨーク一体化シャフトのモジュール化を考案、製品の魅力度アップ、生産性向上などに貢献（部品点数4→1、溶接箇所3→0、軽量化△20%など）

④製品の企画（以下、省略）

[過去にタイプ2の考え方で生まれたと思われる新製品の例]

①電気器具製造企業（大手企業の系列会社）：ホワイトボードの多機能化（黒板→コピー・FAX→電子黒板）（2000年頃）

②カメラ製造企業：カメラ→360°カメラ

③舟艇製造企業：玄関踏板での発電（FRPの特徴から発案）

④ディスプレイ企業：異形状携帯電話の提案

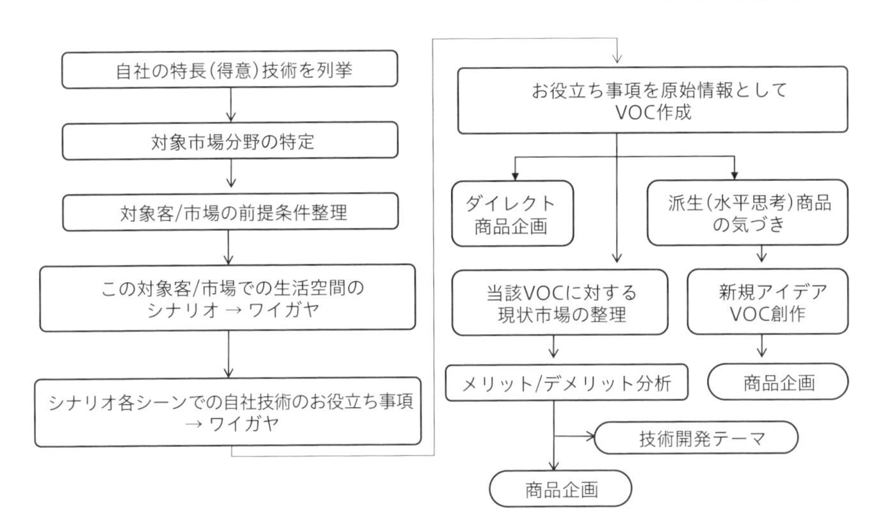

図5.7　新規市場創造型

5.1.3　新規市場創造型（モノからコトへ）（タイプ3）

リーマンショックの頃から、製品単体よりもその製品が貢献する社会空間の豊かさを求める、つまり、モノからコトへの転換が話題となっています。思い付きで製品を企画する方法もあり得るのでしょうが、本書では自分たちが扱っている商品をもとに、社会生活の豊かさに貢献することを考えます。製品が社会に豊かさを提供している姿を描いた上で、製品に求められる機能を見つけ出そうとの考え方をしています。**図5.7**に展開の概要を示します。

この活動は、日頃から市場と密接な関係を持った仕事を担当する人たちが中心となって実施されることを勧めます。

①顧客のイメージを設定します。対象とする市場を決めたわけではありません。議論が散漫にならないように、あるモデルを設定したものです。

②①で設定したモデルについて生活空間のシナリオをワイガヤします

③②で得られたシナリオのシーンで自社製品のお役立ち（活用している姿）事項をワイガヤします。現在、流動している製品の姿を描くものではありません。お客様の立場で「こんなことができたらありがたい」の視点で出し合います。

表5.1　ワイガヤの例（洋品店での会話）（A、B：顧客、C：店員）

行　　動	ディスプレイの果たす役割	シーンの展開	VOC
A：ちょっとしたパーティー用にマッチする服が買いたい B：色彩・デザインによって感じ方は大きく変わるね C：自由に着こなし感を味わってください B：私も試そうかな。でも他のお客様に悪いかしら	カタログ （検索、アピール） 調合 （イメージ確認）	A：自分で客観的にイメージが見たい。他人の意見も聞きたい。アクセサリーなどマッチング感も B：自分も試したい C：多くのお客様に試してもらいたいが、場所・店員数がネック	・見やすい ・色合いが実際と変わらない ・高精細 ・立体に表示

④③で出した内容を原始情報としてVOCに変換します（要求品質表の作成）。つまり、①～③は原始情報を創造する手順なのです。

⑤④で作成した要求品質表を鑑賞して

a．そのまま製品企画できそう

b．いろいろな用途を充たす商品シリーズを企画できそう

c．水平思考でまったくの新分野の気づき（①のモデル外への気づき）

をワイガヤします。

⑥以下、従来QFDの手順に沿って製品企画に入ります。

[事例紹介Ｉ]　ディスプレイの活躍

本事例も、某メーカー営業企画部門の若手社員が研修で実施したものです。

ｉ）顧客のイメージ設定（手順①）

「テナント集合型店舗」をテーマに選定

ii）テーマでの生活空間をイメージ（手順②）

夫婦、子供家族を顧客として来店時の駐車場探し、目的の店までの案内、品選び、精算、暇つぶしなどのシーンを整理し、各ステージでの顧客、店員のつぶやきをワイガヤします（**表5.1**）。

iii）各シーンでのつぶやきの解消策とディスプレイが活躍（お役立ち）する内容を出し合う（手順③）（**図5.8**）

手順③、④を整理した例を**図5.9**に示します。

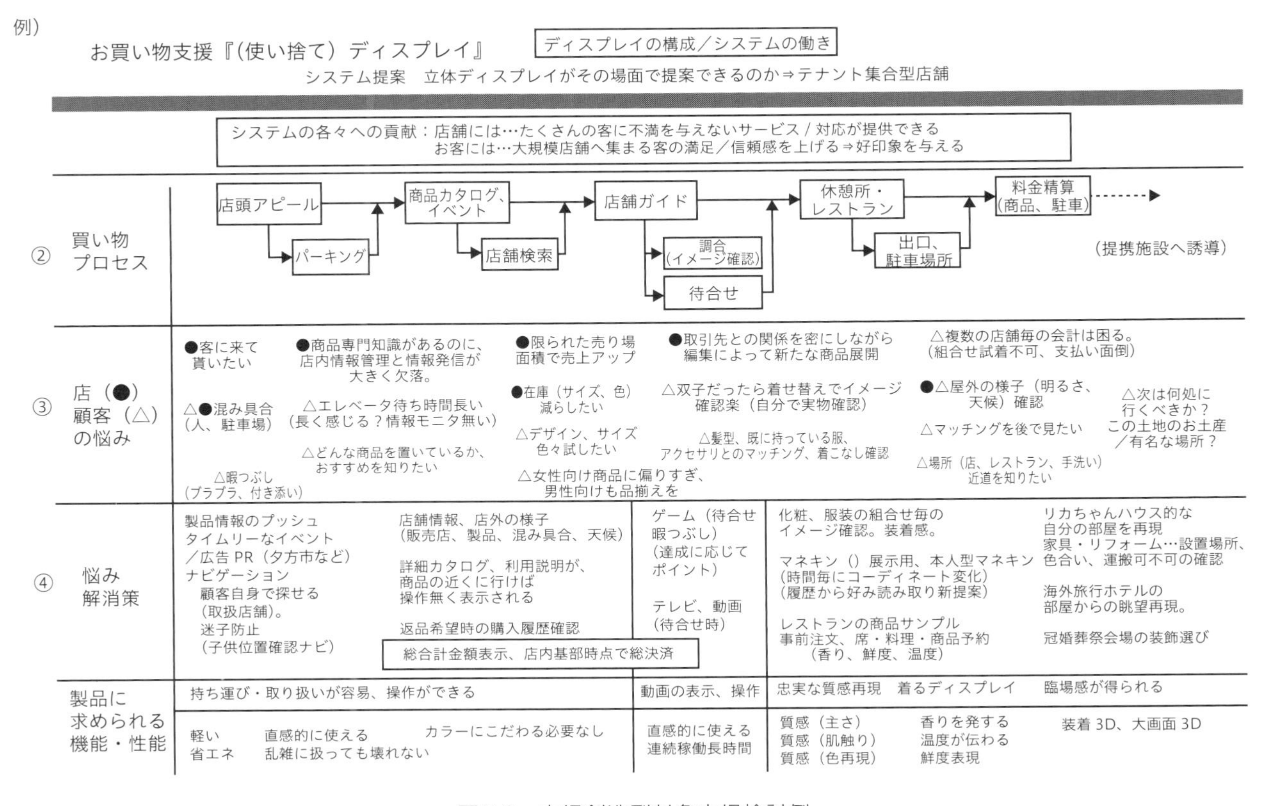

図 5.8　市場創造型対象市場検討例

図5.9　マネキンディスプレイのイメージ

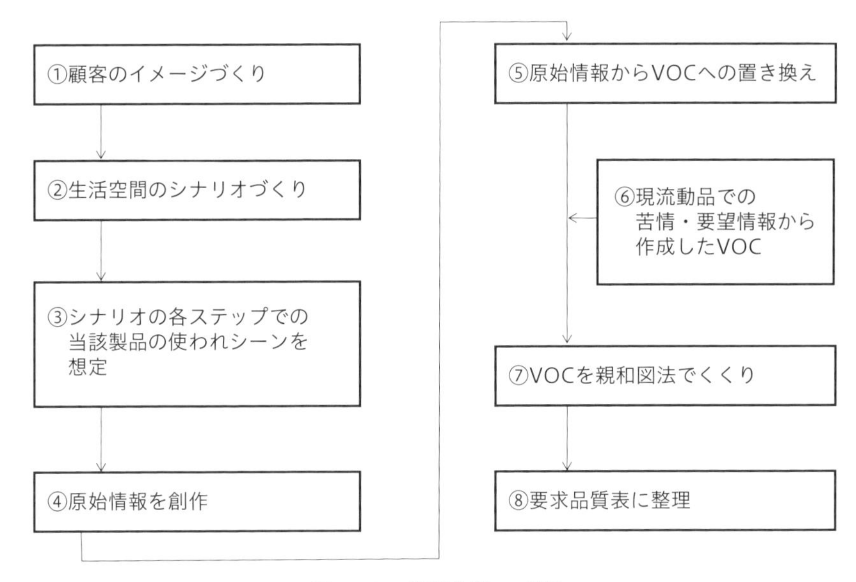

図5.10　検討作業の手順

テナント集合型店舗を例題にした展開から貸衣装店、自動車ショウルーム、レストラン料理サンプル、リフォームメーカーなどの活用案が出されました。

[事例紹介Ⅱ] プリンターの用途拡大

本事例は、プリンターメーカーの検討例です。事例Ⅰと同じ考え方でも、モデルのシーン想定が異なっています。生活空間の想定をうまくできるように、それぞれ工夫してみてください。

・本テーマの背景：従来から市場へ出していたミニプリンターは主としてはがき（年賀はがきなど）用に使われてヒットしてきた。今回はもっと用途を広げて、家庭で愛されるミニプリンターにしたいと考えた

・検討経過：開発チームのメンバーが中心になって検討チームを編成し、**図5.10**に示す手順で検討を進めた

ⅰ）顧客モデルとして3世代同居家族とに設定（手順①）

ⅱ）設定した家族の日常活動をワイガヤで想定（手順②）

1～12月、朝～夜までの3世代のイベント、行動などを出し合います。

ⅲ）各行動でプリンターが活躍しているシーンを想定（手順③）

（例）・家庭で私製の年賀状をつくる　・お母さんが台所で夕飯の支度をす

る　・子供が運動会用のハチマキをつくる　・孫が老夫婦に使い方を教える

iv）iii）で想定したシーンでプリンターに期待されることを列挙（原始情報創作）（手順④）

（例）・大量の印刷を急いでやりたい　・差出先ごとに内容を少し変えたい　・料理のレシピが見たい　・戸棚の隙間に収納したい　・湿気に強い　・ハチマキに「必勝」をプリントしたい　・老人にわかるよう説明したい

v）原始情報からVOC を創作します（手順⑤）

（例）大量の印刷を急いでやりたい

→・印刷スピードが速い　・連続印刷ができる　・インクの交換が容易にできる

戸棚の隙間に収納したい

→・薄型である　・突起がない　　など

vi）以降は一般の要求品質展開通りに進める（手順⑥、⑦、⑧）

vii）VOC の内容で、現有の技術で取り組めるものと新規に技術開発を要するものを分類し、短期・中期の商品戦略計画に落とし込む

Column

■　社内にスーパーマンがいてくれたら、つぶやきから新規の商品が生まれる期待感がありますが、スーパーマンは個人有技術なので簡単に真似ることはできません。成功確率を高めるには、多くの人の見方を結集することが求められます。本タイプは、そんな機会を設けようとしたアプローチと言えましょう。

[過去にタイプ3の考え方で生まれたと思われる新製品の例]

①1970年代にトヨタ自動車が展開した物流システム

トラックの拡販を狙いとして、物流システムTECS（Toyota Easy Carry System）を提案しました。倉庫への入庫、積み込み・荷下ろしから運搬までの作業についてコンテナ式（保冷・ドライ）トラック、複数コンテナ積載用大

型トラック、フォークリフト、ハンドパレット、垂直昇降パワーリフトなどの組合せで大幅な物流の効率化、交通の渋滞緩和などに貢献することを提案しました。顧客には物流の効率化を提案し、採用されると自社製品が活躍することになります。1996年には、Toyota Excellent Conversion Seriesと名を変えて社会福祉、高齢化対応にも内容を拡大しています。

②異業種中小企業で協業による新製品企画

某県産業振興団体で、異業種中小メーカー合同で個人家庭用医療介護システムを検討しました。デザイン、板金、機械加工、樹脂、ゴムなどの企業が集まって個人住宅向け車いすのあり方を整理しました。単独での製品企画は困難と思われる企業が協力し合い、それぞれ自社の得意技術・技能を活用することで製品を企画提案しました。

③公文書発行システムの考案

某複写機メーカーで、住民票・婚姻届けなどの公文書を役所以外で発行できるシステムを開発しました。システムそのものは新規性があるとは言えませんが、機密保持、操作の簡便性など利用者の心配ごとを解決する仕組み製品として注目されました。

以上、新規市場向けの商品企画について3パターンを紹介しました。共通することは、対象市場の選択、要求品質の発見・創作のステップが従来のQFD展開と異なることです。紹介した通り、過去に同じ考え方をされたと思われる事例をたくさん見ることができます。つまり、まったく新しいアプローチを提案したものではなく、従来成功された事例のアプローチを見える化して提案したものと言えましょう。読者のみなさんは、自社の製品に合ったアプローチを工夫してください。本項はその参考を提供したものです。

5.2 技術開発のすすめ

5.2.1 技術開発の強化

第3章で、開発の効率化に対する着眼ポイントを説明しました。これらは目標が明確になった後に、目標達成のための手立てを検討する活動です。特に重点項目については事前検討が必須ですが、開発日程上で十分な期間が取れないことも起こります。もしも目標設定前に技術的なネックが解明されていたら、ムリなく短期間に成熟度を上げることが期待できるはずです。さらに、市場要求内容がどんどん拡大しており、魅力確保のためにも新技術（Seed技術）の蓄積が望まれます。

また、本章で説明した新規市場開拓は、自社の保有する技術を出発点として展開しています。このような視点から、開発期間の定義を見直すことが必要になってきています。従来は製品企画以降を新製品開発期間と定義されてきましたが、これを技術開発からに変えることが効果的です。

繰り返しになりますが、技術開発の内容には、大きく分類して研究開発と技術開発があります。前者は論理を明確にする活動、後者は良い結果（レベル・再現性）を生むための検討を指しています。大企業ならともかく、多くの企業で重視されるのは後者、つまり実現のための技術研究であろうと思われます。新製品開発のステップに組み込むのは技術開発の活動です。以降の記述は技術開発に焦点を当てたものとなっています。

ありたい姿は、

①いつのときでも、すべての品質特性で競合に負けない技術力が保たれている

②ダントツのレベルを生む新材料・新構造アイデアが蓄積されている（需要の創造）

③生産設計以降はチューニングで最適設計ができるよう標準化がされている（要求への適合）

④市場使用条件に対応する評価技術が蓄積できている（要求品質と品質特性

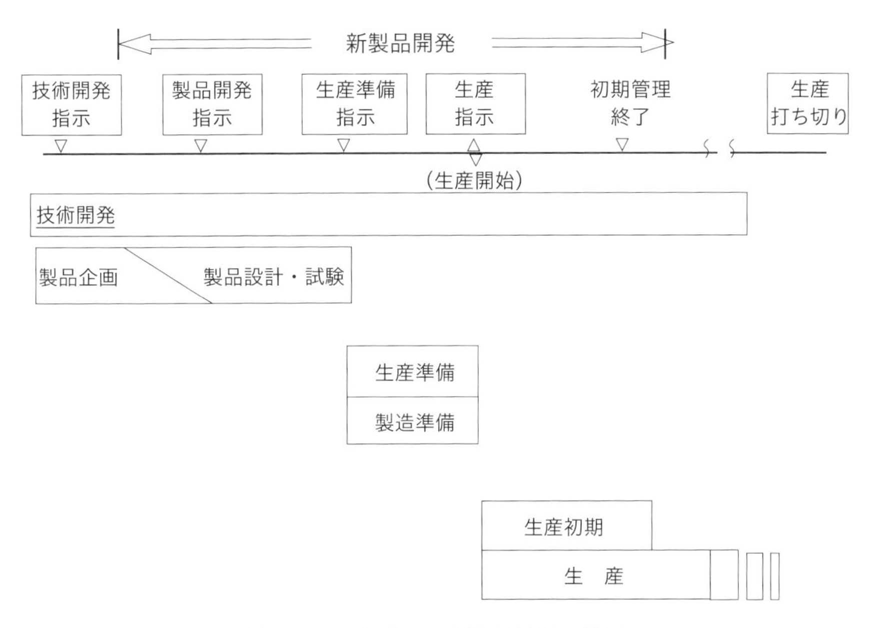

図5.11　これまでの新製品管理の範囲

　レベルとの整合)
などが挙げられます。

5.2.2　技術開発の仕組み整備

ここまで、新規市場への進出には自社の持つ技術を歓迎してくれる市場を対象とした方が、成功確率は高くなることを提起してきました。つまり、いつでも商品化できる技術を数多く蓄積していると有利に進められるのです。

従来の新製品開発システムでは、製品企画から初期市場までを新製品管理（企業によっては初期管理と呼ばれています）の期間として、技術開発は製品企画、設計、生産準備をサポートするステップという考え方が主流でした（**図5.11**）。

今後は、魅力的な良い製品提供のための基本的な機能としての技術開発が必要となってきているのです。今や、技術開発の強い企業が今後の命運を決めると言っても過言ではありません。図5.11の新製品管理の範囲を、技術開発から

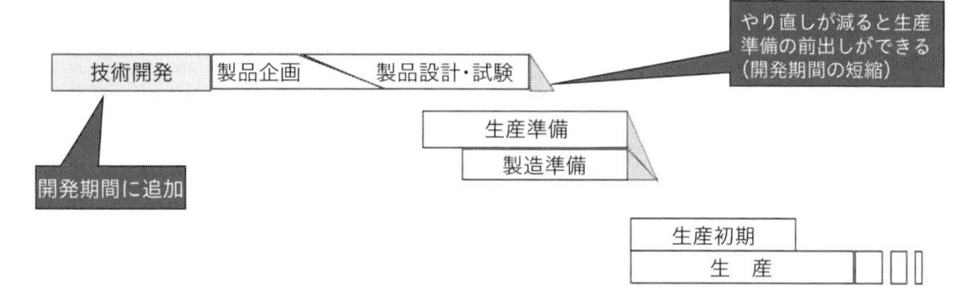

図5.12　新しい新製品管理の範囲

初期市場までに変えることが必須となってきています。**図5.12**に概念図を示します。技術が蓄えられて、それらを活用することで高いレベル（顧客感動）の製品企画がなされ、実現のための設計・生産準備の質が向上する姿を確認してください。

技術開発ステップを新製品開発期間に組み込む場合には、以降のステップ（企画、設計など）との連携が取れるように仕組みを整備しておくことが重要です。以下にいくつかの仕組みを示します。

①技術開発テーマを設定する仕組み

・次期モデルに向けた技術力の不足を解消させるためのテーマ（課題達成、問題解決のためのテーマ）

・ダントツのコストを生むための新構造・新材料などの検討

・次世代に向けての新しいシステムの検討

Column

■　次世代技術と言っても、例えば空を飛ぶ車や海中に潜る車を検討するような場合は長期の開発期間をかけて研究するテーマとなるので、基礎研究（新製品開発期間に含めない）の範疇にした方が進め方に自由度が生じます。

②開発テーマの進捗をマネジメントする仕組み

・苦戦状況の把握とアドバイス

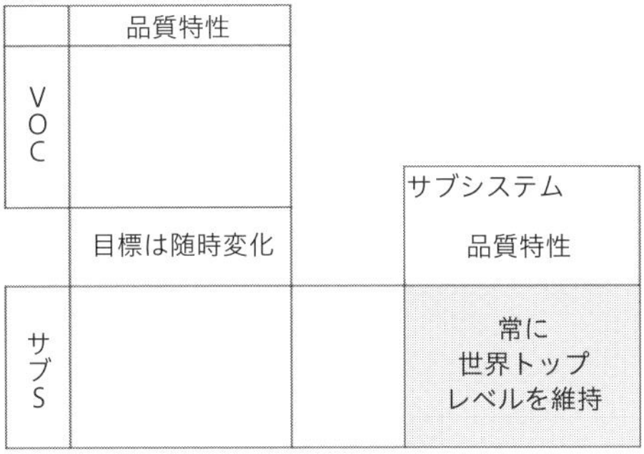

品質特性
VOC
目標は随時変化
サブシステム
品質特性
サブS
常に
世界トップ
レベルを維持

図5.13　技術マップのイメージ

・失敗を生かす仕組み（技術開発では失敗を学んで生かすことが重要）
③開発結果を後ステップが活用できるためのアウトプットの整理の仕組み
・実製品に採用する際の留意事項（制約事項、背反事項の明示など）
④新技術検索の仕組み
⑤技術力維持向上のための人財育成の仕組み

いくつかの企業で展開されている例を示します。企業の体質・文化に合う良い方法をそれぞれの企業で工夫してみてください。

i）技術マップを整理する

現製品の品質表で整備した品質特性について、競合企業とのレベルを比較し、常に同等以上であることを確認します。もしも対競合劣位な項目がある場合は、その項目を技術開発テーマに登録していきます。蓄積された技術は品質表に標準番号を付与しておくことで、効率的な要求品質目標達成のための着目品質特性の選択がやりやすくなります（保有技術の標準化）。

図5.13に、ある自動車メーカーで展開された技術マップのイメージを示します。

a．車両品質表の作成
b．サブシステムに展開
c．サブシステムごとに品質特性に展開
（ポリシー）サブシステム品質特性を常に世界トップレベルに保つ（技術マップ）
d．課題になる特性を技術開発テーマに登録

ｅ．個別モデルの開発時には品質特性目標値に適合させるようチューニング

技術マップの整備によって、事前検討の質が格段に向上することになります。

ⅱ）技術開発テーマ申請用紙を準備する

某ディスプレイメーカーでは、技術開発テーマの申請・承認用紙の中に、この技術が開発できたら結果としてどんなメリットが得られるのか（特に顧客満足）を明確にするため、当該技術を原始情報としたミニ品質表を作成することにしました。これによって、担当者に技術開発の狙いを考える動機づけにもなっています。図5.14に申請用紙の記載内容を示します。

ⅲ）市場要求と品質特性の整合を図る

計測管理の方針に毎年数件の評価の適正を謳います。市場の使われ方と品質特性の整合がとれていないと、正しい評価にならないことは言うまでもありません。市場では予想外の使われ方もあり得ます。すべての使われ方を評価するわけにもいかないため、極限の条件を反映した評価方法を開発しておきたいのです。

ⅳ）評価の方法改革

実機試験では、場合によっては規模が大きくなったり、多大な時間を要したりします。実機からベンチへ、さらにはシミュレーションへと評価の仕方を変えることは、開発の効率化において避けることはできません。

ｖ）人財の育成

中長期にわたって技術開発レベルを維持・向上させるには人財の育成を欠かすことはできません。多くの企業でかつての欧米流の合理主義マネジメントの導入が進み、チームワークによる中長期視点の大きな成果よりも、個人の責任を重視した短期的な成果を求める風潮が見えてきています。無難な行動が評価されるので失敗を回避し事前に予測可能な範囲での小さな改善に終始すると、大きな改革は期待できません。顧客の期待を超える自社独自の技術に基づく製品の実現には、たゆみない技術の発展を図らねばなりません。

某社の技術人財育成の活動を手法・技法の教育に絞って紹介します。

①人材育成の良い状態の共有（管理項目の設定）

・組織として求められる知識・技法などが備わっている（必要人財充足度）

項　目	内　容	QFDの活用部分
プロジェクト名		
活動期間	開始:　　　　　　計画終了:	
所属	成果責任者、実践チームリーダー、メンバー名	
テーマの背景		なぜこのテーマを 選定したか
活動の種類	問題解決、課題達成、その他	
活動内容	目標項目・目標値	
予想効果	**テーマが完結した場合、商品のどんな面に 効果が期待できるか** 例:・ 魅力性付加、機能・性能向上、用途拡大、 新規製品・市場へ進出など ・ ダントツのコストダウン(金額)	根拠を 「**ミニ品質表**」で表示
活動計画	中日程(PDPC) (注)PDPC:process decision program chart	

図5.14　技術開発テーマ登録の様式例

・指導・育成の機会が準備できている（教育有益度）

・達成感を味わえる職場環境が整っている（意識調査好意的回答数）

Column

■　当社の技術者として仕事をする場合は、標準語として扱えるレベルの手法・技法・用語はベーシックとして全員に教育機会を設定します。統計手法で例えると、その都度標準偏差や相関などの言葉を説明していたのでは業務の進行ができません。

②専門的な手法教育

すべての手法に長けた人財を確保することは困難なので、一芸に秀でた人材を組織内に確保する考え方をします。ある手法に長けた人が近くにいてくれたらアドバイスが受けやすい、つまり、職場力として手法のエキスパートを整備すると考えています。

あらかじめ職場として必要な手法（例えば、品質工学、多変量解析、信頼性技法など）を整理し、手法ごとにレベルランク（A：指導ができる、B：自分で何とかこなせる、C：アドバイスが必要）を設定し、自職場の規模に応じて望ましい人数バランスを定めます。

これで、構成バランスが崩れているところを補うための集合教育を計画します。入社直後ではあまり差をつけることはできませんが、数年もすれば個人の特性が見えてくるため、最適な手法を選択して教育の機会を設定します。

③OJTの仕組み

従来は個人別にテーマを与えられて目標管理で展開していたのですが、これを、二人2テーマ制に変更します。ベテランと新人がペアを組んで数テーマを担当します。これにより、新人は仕事中に適切なアドバイスを受けることができます。二人でPDPC図（Process Decision Program Chart）を作成して、自主的に進捗管理を行います。

Column

■　個人別目標管理を行う企業が多くなった結果、新人をアドバイスするとか進行で悩んだ場合のアドバイス機会が減少しました。言うまでもなく、成長の秘訣はOJTの中に存在します。二人2テーマの考え方は、OJTを効果的に実施できるうまい取り組みと言えましょう。

④教育効果の把握

職場で仕事をする際に、ほぼ標準としたいレベルの手法（初等統計手法など）はベーシック教育として全員に機会を与えています。特徴的なことは、受講したかどうかではなく、役に立ったかどうかを評価していることです。

受講後にテーマでの実体験を義務づけています。上司・先輩が支援に入って成功体験を目指します。**図5.15**にフォローの仕組みを示します。終了後に上司に対して「教育後に受講者の仕事の仕方・姿勢が変化したかどうか」のアンケートを取り、教育の有効度を測っています。

5.2.3　技術開発のための解析手法

技術開発の実展開に当たっての有効な解析手法はいろいろ提供されています。市場動向の解析などに多変量解析、新技術の考案にトゥリーツ（TRIZ）、

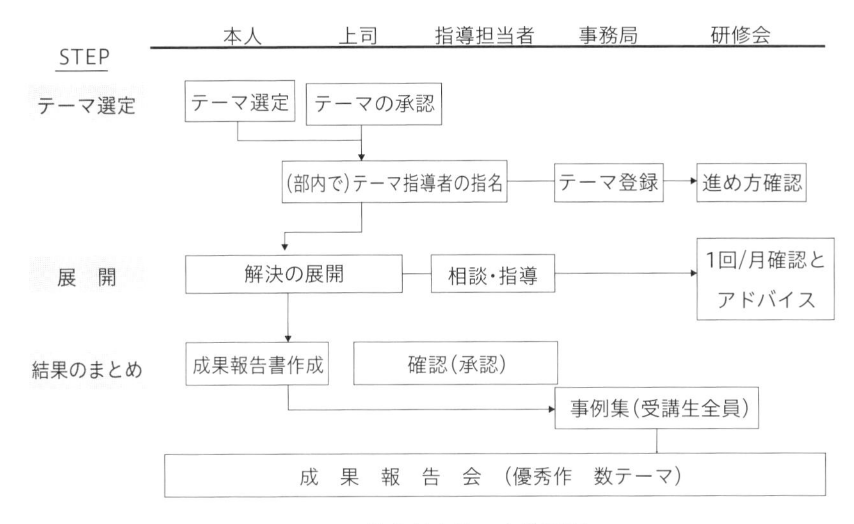

図5.15　集合教育後の実務展開

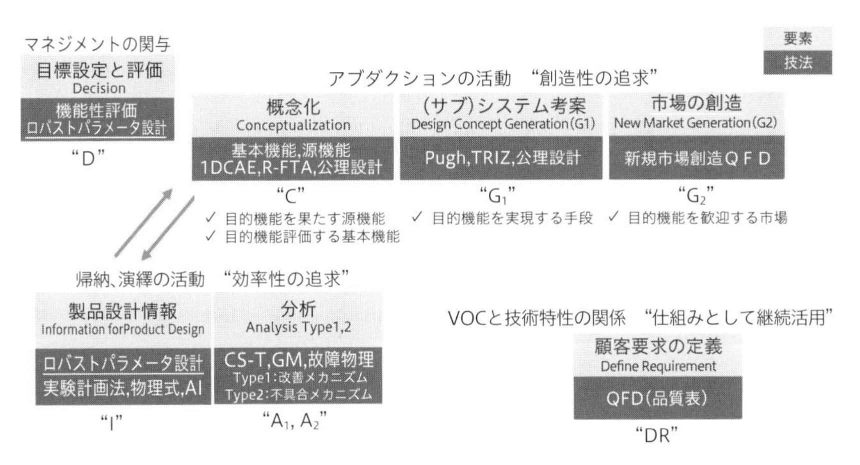

図5.16　技術開発プロセスのT7
(出典：日本製造業復活のための技術開発とマネジメント、日本規格協会)

ロバスト解析に品質工学などがあります。固有技術とともに、解析手法に長けた人財の育成を計画的に進めておくことが大切です。

2019年から日本品質管理学会と品質工学会の共同研究で、商品開発プロセス研究会が開かれています。その中の第2グループでは、創造性と効率性を両立した技術開発プロセスの研究をテーマとして議論され、2021年に技術開発プロセスを設計するプラットフォームT7（Technology 7）が以下の内容で提案されました（**図5.16**）。

①マネジメントの関与

D：Decision

要素：目標設定と評価

技法：機能性評価、PDPC、ロバストパラメータ設計

②効率性の追求

I：Information for Product design

要素：製品設計情報

技法：ロバストパラメータ設計、実験計画法、物理式、AI

A：Analysis（A1:改善メカニズム把握、 A2：不具合メカニズム把握）

要素：分析

技法：CS-T、GM、信頼性工学

③創造性の追求

C：Conceptualization

要素：概念化（目的機能を果たす源機能、評価する基本機能）

技法：基本機能、源機能、R-FTA、公理設計、1DCAE

G1：Design Concept Generation

要素：サブシステム考案（目的機能を実現する手段）

技法：Pugh、TRIZ、公理設計

G2：New Market Generation

要素：市場の創造（目的機能を歓迎する市場）

技法：新規市場創造QFD

④仕組みとして継続活用

DR：Define Requirement

要素：顧客要求の定義（VOCと技術特性の整合）

技法：QFD（品質表）

特に、新規市場創造のための技術開発ステップのあるべき姿を描く（企業、扱う製品によってプロセスが異なる場合があるので）ための切り口を提起したものとして、参考になる内容となっています。各社では自社の扱う製品環境や企業文化を考慮し、自社に適合する技術開発ステップを構築してください。手法・技法の詳細は他の文献をご参照願います。

付録

QFD推進のためのQ&A

ここでは、QFDの展開で多くの企業が苦戦されている内容のいくつかについて、Q&Aの形式で説明していきます。

日本の製造業では、個人の結果を重視した目標展開を導入して以来、組織力や組織間連携というようなこれまで日本が得意としていたマネジメントを、失速させた例が少なくありません。QFDは、新製品開発を効率的に展開するための仕組みです。部門間の連携をベースとした全社の総合力が求められています。

したがって、全社展開するための仕組みと運営のヒントにテーマを絞って論じます。

Q1　方針管理の基本（QFD展開を方針管理の考え方で簡素化した内容）

Q2　新製品開発で部門間連携をうまく進めるための工夫どころ

Q3　KANOモデルの理解

Q4　原始情報からVOC創作手順の課題

Q5　VOCの関心の強さ決定に関する疑問

Q6　「作りやすさ」検討を基本構想段階から始めるメリット

Q1

ＱＦＤ展開の簡素化で、「方針管理」の考え方を適用しているということですが、もう少し詳しく説明してください。

[回答]

日本の方針管理マネジメントは、「良い結果を実現するために良いプロセスを構築する」ことを重視しています。変化する社会情勢を先取りして良いプロセスをつくり上げるには、さまざまな課題を克服することが必要で、以下の管理が求められます。

○現在の延長で行けそうな課題は、担当者に「頑張てくれよ！」と任せて苦戦している場面のみをアドバイスすればよく、これを日常管理と言う

○達成に難解な壁が予想される課題に対しては、ヤオヨロズの神々の知恵を結集して取り組むことが有効。作戦・進捗などを共有して挑戦することが必要とされ、これを方針管理と呼ぶ

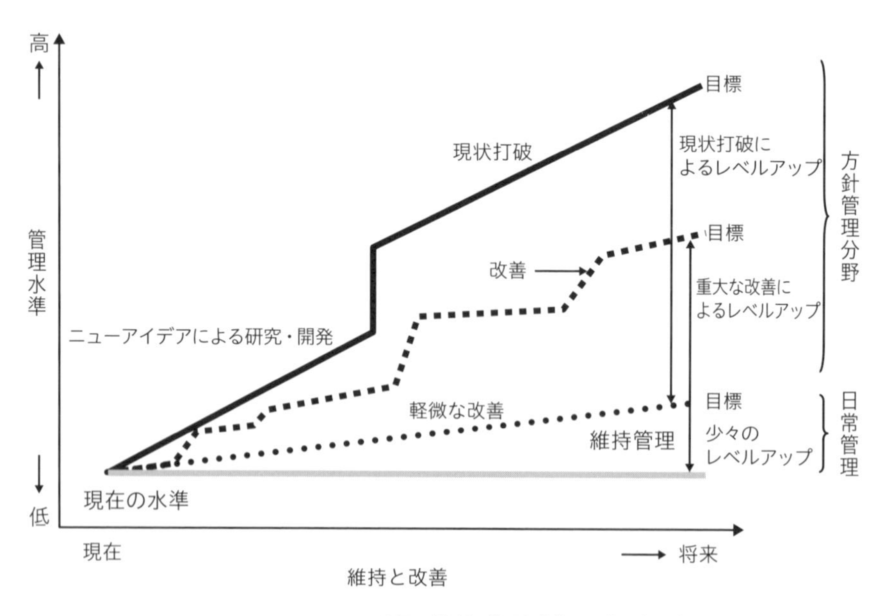

出展：「事例に学ぶ方針管理の進め方」、福原證、日科技連出版社

筆者が提案するQFDの進め方でもこの考え方を重視し、品質表を詳しく読んだ結果から全面進軍をやめて、ネックになりそうな品質特性にこだわった展開を推奨しています。現在、ある程度うまく進めている開発プロセスで、「さらにレベルアップしなければならない」ような事項はそれほど多くないはずですから、集中して課題達成に挑戦すれば全体のレベルは上がります。成果が得られた内容は、標準化して日常管理で対応することが可能です。

Q2

全社協力の進め方についてアドバイスをお願いします。
個人の目標管理で業務展開しており、全社協力が難しく感じます。

[回答]

目標管理を導入した企業で、組織力が低下した例が見られます。

①結果が見えているテーマを選択するケースが目立っている
②組織に課せられた課題が議論されず、個人の目標項目が整合していない
③新人の育成機会が減少した

以上のように要因はいくつか挙げられますが、共通しているのが「全社的に情報を共有していない」ことが考えられます。

新製品開発は結果を求められるプロジェクトですから、関係部門が有機的に連鎖して良い結果を実現させなければなりません。プロジェクトリーダーが全体の決定をしますが、正しい決定ができるように正しい情報を提供する流れが求められます。

某社では、

①品質に関する情報（解決・苦戦状況など）は品質保証部門
②進行状況については生産技術・生産管理部門
③コストについて（原価目標達成状況など）は原価管理部門

が全体の状況を整理し、プロジェクトリーダーに情報することで一元化を図っています。この情報をもとに、課題達成のための全社活動が展開されることに

なります。

個人目標を主体とする活動が増えると、情報の乱れが懸念されます。組織のリーダーは、全体の課題から個人目標につながる仕組みを大切にしてください。以下に示す体制を構築することが有効です。そして、プロジェクトリーダーおよび各部門が以下の意識で行動するようになれば、組織連携はうまくいくはずです。

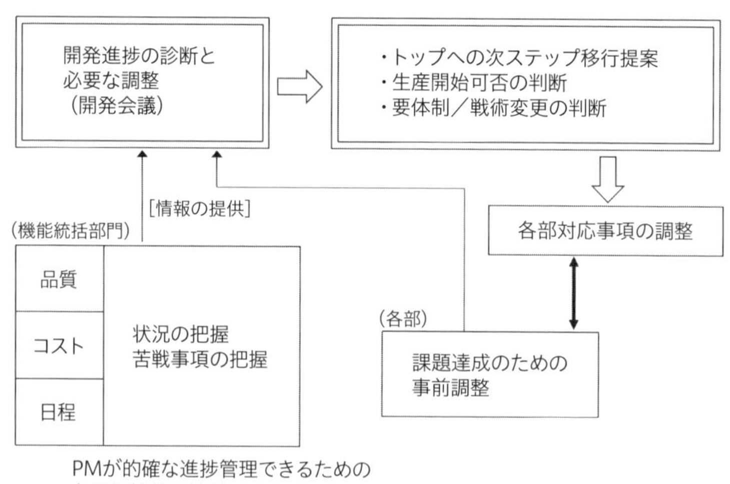

各部門　＊　プロジェクトを成熟させるのは自分たちである
　　　　　　（プロジェクトマネージャーは調整役・スタッフである）
　　　　＊　担当部門はベストの活動を示すこと
　　　　　　体制・体系上の課題がある場合は㊙としないこと
　　　　　　（プロジェクト成熟のためにベストよりもベターな選択をすることもあり得る）
　　　　＊　プロジェクトマネージャーの指摘は「トップの声」と理解する文化を築こう

プロジェクトマネージャー　＊　「プロジェクトの成熟」が使命である
　　　　　　（部門の評価は任務ではない）
　　　　＊　「なぜ…」「…だから」ではなく、「どうするか」を判断すること
　　　　　　（顧客に言い訳は通用しない）
　　　　＊　「担当部門はベストを尽くした状況を示している」との姿勢で判断すること
　　　　　　（アクションの仕方が明確になる）

Q3

KANOモデルはよく理解できますが、「だから、現在流動中の製品の不具合をきちんと対策しておくことを忘れないように」との警鐘であると理解してよいのでしょうか。

[回答]

流動品の再発防止をきちんとやっておくことは大切です。せっかく魅力的な製品を企画しても、出来栄え不良が多発しては困ります。

ところで、「性能を向上させた・魅力要素を追加した」ために、新しい出来栄え不良を起こしてしまうことはないでしょうか。つまり、一元品質と当たり前品質は、トレードオフの関係にあるのです。顧客満足度を上げるには、技術的な変更を加えなければなりません。そのために、当たり前品質で不良をつくったのでは台なしです。過去の不良にこだわらず、新しいことをやったときに付随して起こるトラブルにも留意してください。

Q4

原始情報からVOCに置き換える作業はかなり難しく感じます。
シーンの想定と言っても、原始情報の表現に引っ張られてしまいます。

[回答]

筆者の経験からは、慣れるしか方法がないとしか言えません。自動車で例を挙げると、原始情報で「水が浸入した」と言ってもシーンはいろいろ考えられます。実のところシーンごとに原因が異なるのです。

某社では、この作業を合宿で実施しています。参加者は営業・サービス・品質保証・製品企画・技術開発の計10人程度で実施します（ブレーンストーミングはこの程度の人数が最適）。このときだけは在宅勤務の方も参加します。

日頃あまり会ったことがない部門のメンバーのため、懇親を兼ねた合宿です。壁にはシーンをイメージしやすいように、以下に示すようなビラを貼ってあります。

最初のうちはモヤモヤしても、時間が経つに連れて会話が活性化します。これも懇親会の成果でしょうか。品質表を作成する機会は最初だけ（以降はメンテナンス）ですので、時間は多少かかってもきちんとした品質表にまとめることに注力しましょう。

例：　水が室内に侵入した

シーン　①　暴風雨の中を走った
②　暴風雨の中で青空駐車した
③　梅雨のシトシト雨の中で駐車した
④　高圧洗車にかけた
⑤　ホースで洗車した
⑥　水たまりを走った
⑦　サンルーフからにじんできた
⑧　ドアの中に水がたまった
⑨　濡れた傘を持ち込んだためにフロアが湿った
⑩　土砂降りの中でドアを開けたときに雨が降り込んできた

（参考）　シーンの想定（自動車の例）

1. 生涯（ステージ）

納品・初期設定・使用・清掃（後片づけ）・保管・整備・保全・補修・廃棄

2. シーン

（who）　・老人、若者、子供　・力がある人／ない人／ハンディキャップ者
・背が高い人／低い人　・指が太い人／細い人　・字が読めない人
・丁寧に洗う人／乱暴に扱う人（国民性でも差がある）　・4Sが好きな人／苦手な人
（when）　・天候（晴れ、乾燥、雨天、雨上がり、嵐）　・四季（春、夏、秋、冬）　・朝、昼、夜
（where）　・高速道路　・市街地　・石だたみ　・未舗装路　・車庫内

他にもありそうですね。みんなで出し合ってみてください
生涯場面でWho/When/Whereを組み合わせてシーンを想定します

Q5

VOCで要求の高さを社内アンケートで判定していますが、原始情報から整理したVOCの枚数が多いものを「関心が高い」と判定した方がマーケットインだと思います。

[回答]

枚数が多いVOCは、より顧客の関心がある可能性が高いのは確かです。しかし、いくつかの心配事が考えられます。

①原始情報の多くは現在、流動中の製品に対する不平・不満に属するものであることから、作成したVOCは「悪くない」の要求が多くなり、新規性に関するＶＯＣの枚数が多くなることは望めない

②製品には製造企業の「らしさ（特徴）」が生きていて、これらのVOCは枚数が多くなるとは限らないが、開発者にとっては無視できない

本書でVOCの関心の高さは、市場に近いところで働く社内の人の感性で判定していただくことを推奨しています。競合企業と判定が異なることがあるのはそのためです。

Q6

作業性の問題を基本構想の段階から始めるように説明されています。

このステップは製品のあり方を考えることが中心になり、つくり方を考える余裕はなく、詳細設計段階ではいけないのでしょうか。

[回答]

当然のことですが、顧客は「良い図面」を買うのではなく、「良い図面通りにでき上がった製品」を買います。製品の区別なく過去に苦労した出来栄え不良を眺めると、「設計段階で○○しておいてくれたら、この不良は防げたのに」

というようなもの、つまり、「やりにくい作業のために発生した不具合」が多いことがわかります。

もう一つの問題は、製造部門から設計・生産技術部門へのフィードバック情報が「ああしろ、こうしろ…」と対策内容であった点です。そのまま開発部門が受け入れるとムリが生じることが多く、結果的に「作業でカバー」となりがちで作業注意項目が増えます。

発想を変えて、良い図面を作成するために良い情報を提供すると考えると、「①現状製品で苦労している実情、②どのようになっていると作業しやすい」を明確にすれば、詳細設計段階では「今さら言われても…」となることも、構想段階でなら対応できることがたくさん存在します。ある会社で、現流動品の生産工程を眺めて「やりにくい」作業を抽出し、「何とかできないか」を検討した結果、従来の工程不良が40％低減したという例があります。特にポカミスのような問題には有効です。

あとがき

筆者は、トヨタ車体に在籍したほとんどの期間を、品質保証部門で過ごしました。新製品開発で関係部門が苦戦したり、生産開始後に冷や汗をかいたりしているのを見ると、「みんな必死に良いものをつくろう、良い仕事をしようと頑張っているはずなのに、どこか仕事のやり方にムリがあるに違いない」と感じてきました。

体験した苦戦内容について実務を進めていた主任クラスの人たちの反省をもとに、仕事の仕組みに関する課題を整理して、タイミングとして適用できる事項から次期モデルに取り入れてみましょうと当時の開発担当役員に提起しました。進捗会議に参加し、次回までにやるべきことを確認する時間を頂戴して、各部門の部長に要請しました。多くの部長が主旨を理解して積極的に動いてくれた結果、次のモデルは順調に進行しました。このときの実施事項が、同社の新製品管理規定の見直し改訂につながりました。ルールをつくって当てはめるのではなくて、体験した良い行動を自社の財産に置き換えた貴重な経験でした。筆者のQFDはこの体験をもとに整理したものです。

当時は教科書もない中での模索状態だったのですが、重点項目として定めた「防錆性」「防水性」について、それぞれ16枚の品質表を（マトリックス）作成して開発ステップ間の情報連結を密にしました。大きな成果に結びついたことはよかったのですが、手間がかかり過ぎるという課題が残りました。16枚の品質表を眺めて反省した結果、次のプロジェクトから1枚の品質表と数枚の系統図で進めるようにしました。重点が絞れたのならば、そこにこだわればよいため系統図で焦点を絞り、変更する部分に対して飛び火を確認することで、16枚の品質表以上の成果と効率が得られると考えた結果です。

QFD を理論で整理し、手法としてこれを頑固に進めようと苦労されている企業の例をたくさん見てきましたが、共通することは、

①理屈はわかるが展開が面倒で、開発の忙しい時期に多くの時間を割くような展開には抵抗がある

②やり方が誤っているのかもしれないが、結果に違和感がある

などがその代表例です。

筆者は自身の経験をもとに、品質表と系統図の組合せ展開を提案してきました。その結果、米国ではFukuhara Methodのニックネームをいただき、2001年のAkao Prize受賞につながりました。米国企業では納得がいかない場合は決して妥協しないので、とことん議論できたことが内容の質を上げてくれたと思います。

学者先生が理論的に構築してくださった内容から逸脱せずに、「手間をかけずに良い結果を生む進め方」を工夫することが、筆者たち実務出身のコンサルタントの使命と考えています。本書は、実務展開に当たって参考にすべき内容を説明したものです。理論的な内容を知りたい方は専門書をご覧いただきたいと考えます。

第5章に新規市場向けの展開を提案しました。これまでのQFDは、対象市場が見えている製品を扱う考え方が基本となっています。新規市場に対しては、過去に商品企画の7つ道具（P7）などの提案がされています。本書ではこれらを参考にしながら、自社の技術の特徴から新規市場をつくり上げる市場戦略を提案しました。技術の特徴を原始情報としてVOCを創造し、QFDの仕組みに乗せるアイデアは有効な展開であることを、いくつかの企業が効果例として報告され始めています。

振り返ってみると、ずいぶん以前から同じ考え方と思われる新規製品開発例を見ることができます。第5章の提案は、進め方を仕組みとして見える形にしたものととらえてください。

長い年月の間に多くの方々に協力、アドバイスをいただきながら、研鑽を重ねてくることができました。赤尾氏からはいろいろな場面で助言をいただきました。筆者の勝手な意見に嫌な顔もせずに対応してくださり、QFDを手法ではなく「開発管理工学」と表現されたことは印象的でした。

米国ではITT社が防衛、自動車部品の両部門で全面的にFukuhara Methodを展開し、いくつかの成果例を見ることができました。戦場用の無線電話機開発では、当時のブッシュ大統領が感謝状を持って工場を訪問されたことは痛快でした。P＆G社では、QFD（House of Quality）を社内報で特集するまでに展開してくれました。

国内の多業種の方々とも語り合い、いろいろな意見、提案をいただきました。アイテムツーワンの異業種研修会「どうする会」ではメンバーの遠慮のない意見、反論がさまざまな仕組みの見直しにつながりました。

すべてを紹介することはこの場ではできませんが、多くの方々の協力なしに本書の実現はあり得ません。深く感謝する次第です。

失われた30年と言われるように、日本の製造業は市場競争力を失ってきています。復活のためには技術開発力の向上と、その技術に裏打ちされた感動製品の開発が必要不可欠です。QFDの重要性がますます問われています。

本書が、「QFDが有効であることはわかっているけれども、進め方がどうも…」と感じていらっしゃる方々に、良いヒントが提供できたら筆者の望外の喜びです。

2025年2月

福原　證

参考文献

水野滋、赤尾洋二：品質機能展開、日科技連出版社、1978
狩野紀明、ほか：魅力的品質と当たり前品質、「品質」14 No.2、1984
赤尾洋二：品質展開活用の実際、日本規格協会、1988
赤尾洋二：品質展開入門、日科技連出版社、1990
大藤正、小野道照、赤尾洋二：品質展開法（1）（2）、日科技連出版社、1990
赤尾洋二、吉澤正監修：実践的QFDの活用、日科技連出版社、1998
吉村達彦：トヨタ式未然防止手法、日科技連出版社、2002
ドン・クロージング：TQD、日経BP、1996
朝香鐵一、石川馨編：品質保証ガイドブック、日科技連出版社、1974
西堀栄三郎：品質管理心得帖、日本規格協会、1981
細川哲夫：商品開発プロセス研究会「品質工学会」Vol.28、No.6、2023
福原證：事例に学ぶ方針管理の進め方、日科技連出版社、2022
福原證：事例に学ぶ製造不良低減の進め方、日科技連出版社、2022
Vol.42. 標準化と品質管理（おはなしDR）、日本規格協会、1989
生産革新のためのTPM 展開プログラム、㈳日本プラントメンテナンス協会、1989
神田範明、ほか：商品企画七つ道具、日科技連出版社、2000
QC手法開発部会：管理者・スタッフの新QC 七つ道具、日科技連出版社、1981
福原證、田口伸、細川哲夫：日本製造業復活のための技術開発とマネジメント、日本規格協会、2024

索引

さ

た

〈著者紹介〉

福原　證（ふくはら あかし）

技術士（経営工学部門）
㈲アイテムツーワン　TQMシニアコンサルタント
㈱アイデア　取締役（非常勤）
（一社）中部品質管理協会　顧問

1942年富山県南砺市生まれ。1965年名古屋工業大学計測工学科卒業後、トヨタ車体㈱入社。品質保証機能総括、全社TQM推進に従事。同社のデミング賞実施賞（1970）・日本品質管理賞（1980）の受賞に貢献する。日科技連PL 研究会グループ幹事。日本品質管理学会中部支部設立幹事。1985年（一社）中部品質管理協会に転籍（トヨタグループトップの要請により）し、事務局長・指導相談室長として地域企業のTQM推進を支援する。1996年㈲アイテムツーワンを設立。国内・海外（米国・欧州・東南アジア）の団体・企業でTQM・方針管理・新製品管理（QFD）・品質保証システム・工程管理・問題解決などを指導。特にQFDでは米国でFukuhara Methodと呼ばれて歓迎されている。同社会長を経て現職。

【表彰】

1984年　第12回SQC賞（日科技連「品質管理」誌：年間優秀記事）
2001年　Akao Prize（米国QFD Institute：世界へのQFD普及貢献）

【著書】

「製品安全技術」（事例執筆）、日科技連出版社、1982年
「事例に学ぶ方針管理の進め方」、日科技連出版社、2022年
「事例に学ぶ製造不良低減の進め方」、日科技連出版社、2022年
「日本製造業復活のための技術開発とマネジメント」（共著）、日本規格協会、2024年

シンプルだから開発成果が出せる
実践QFDの進め方　NDC509.63

2025年３月26日　初版１刷発行　定価はカバーに表示されております。

©著　者　福　原　　證
発行者　井　水　治　博
発行所　日刊工業新聞社

〒103-8548　東京都中央区日本橋小網町14-1
電話　書籍編集部　03-5644-7490
　　　販売・管理部　03-5644-7410
　　　FAX　03-5644-7400
振替口座　00190-2-186076
URL　https://pub.nikkan.co.jp/
email　info_shuppan@nikkan.tech

印刷・製本　新日本印刷

落丁・乱丁本はお取り替えいたします。　2025　Printed in Japan
ISBN 978-4-526-08383-9　C3053